打不死的戰狼

華為
的快速成長策略
與狼性文化管理

鄧為中/著

推薦序　華為的成功，把基本常識與真理堅持到極致　010

推薦序　華為模式，融合東西方人性與科學　013

作者序　狼性管理體系，從貧乏出發到撼動國際　017

第 1 章
緒論：從不同維度層層撥開狼性管理

何為真實的狼性　024

跨越「見山還是山」的管理思維屏障　028

入門的第一層：見山是山的組織管理　029

第二層：見山不是山，管理的背後仍是思想與行為　030

第三層：見山還是山，管理制度是幫助企業有效完成目標理想動
態的手段工具　032

真理往往藏在深處　034

第 2 章
華為基本法：支持華為公司運作的韁繩與鏈條

打下基本法的基礎是開展華為完整的經營哲學　042

基本法是一種精神與價值指引　043

為什麼很多公司實行基本法會失敗　045

立下基本法的好處　048

第 3 章
文化管理：從基本法到具像落實企業運作

正名「狼性文化」　054

如何運行落實這個文化體系　056

復盤檢討和自我批判　059

第 4 章
頂層設計：好的開始就是成功了一半

大陸企業都在學習的新型熱門頂層設計　066

華為如何有機融合各個系統　068

如何進行頂層設計的落實　071

第 5 章
經營管理：經營與管理動態共舞雙平衡

活下去的戰略　082

抓住產業調整期奠定長期市場格局　084

敢於彎道超車　085

戰略部署其他市場　087

公司未來的生存發展靠的是管理進步　088

企業管理的目標是從客戶端建立流程化組織建設　090

要先富，先修路，打造數字化全連結企業　092

數據是公司核心資產，基於數據和事實進行科學管理　094

用互聯的方式打通全流程，降低內外交易成本　095

千錘百鍊造金剛　096

第 **6** 章
戰略目標與執行管理：從「務虛」如何進化到「務實」

戰略要務實亦務虛　098

哲學戰略產生的「務虛」價值　099

戰略目標首重落實　103

為什麼企業會缺失戰略能力　105

如何落地戰略執行　106

細化量化戰略工作　107

第 **7** 章
客戶與營銷管理：堅持以客戶為中心為發展根基

為客戶服務是華為存在的唯一理由　110

客戶滿意度是衡量一切工作的準繩　113

以客戶體驗牽引服務流程體系　117

深淘灘，低作堰　118

華為追求長期有效增長　120

永遠謙虛的對待客戶、供應商、競爭對手及社會　121

第 **8** 章

創新管理：創新的路標是依據客戶需求導向設立

華為不要工程師，要工程商人具有商業思維　126

創新，用開放的一杯咖啡吸收宇宙能量　129

持續管理革新比技術創新更重要　132

第 **9** 章

變革管理：從物理定律中參悟與實施變革

持續的小量變革，大過大刀闊斧的變革　136

熱力學的第二定律幫助華為不斷增長　137

人性是組織變革的最大絆腳石　139

用實戰訓練「熵減」　142

變革為何總是無力　146

世界上只有善於自我批判的公司才能存活下來　147

管理變革的關鍵是落地，目的是多產糧食和提高土壤肥力　150

華為認為公司最大的浪費是經驗的浪費　152

第 **10** 章
團隊管理：建立一個在風雨中有責任、敬業和在艱苦中持續奮鬥的團隊

建立一個有責任、敬業和在艱苦中奮鬥的團隊　156

情懷和價值在管理中的意義　159

建立「推拉結合，以拉為主」的流程化組織和運作體系　162

不斷學習才能因應未來的世界　165

讓人有足夠迴旋與犯錯的空間　166

第 **11** 章
人才與績效管理：尊重但不遷就人才

什麼才是人才？　171

華為用人的「標準」　174

逆向考察人才的能力　176

力行末位淘汰制　178

績效是從結果和客戶打分的　180

第 12 章
專案與目標管理：目標任務，立即轉成具體、可實現，細化和量化

專案制看起來簡單，但做下去，在海底下不知道死去多少英豪　184
專案管理是經營管理的基本單元和細胞，讓前線就能領導組織專案　189
實行專案全預算制和資源買賣機制　192

第 13 章
執行力與細節管理：用活的流程保證執行力的貫徹

流程之後進行了細節的固化，確保執行力輸出　197
專案確保全員的責任與工作清晰　200
做好時間與注意力管理確保執行不偏誤　202

第 14 章
研發管理：把經營、研發與管理人性三平衡

華為研發體系的「金三角」　206
華為的連續型創新　210

第 **15** 章
品質管理：品質是華為的生命

品質是華為唯一的追求　220
好品質需要建立大流量的大質量體系　224

第 **16** 章
財務管理：服務、監管業務擴張及價值創造的三
個價值整合

華為的擴張與控制，從財務面分析　228
財務管理如何服務與監管業務擴張並不斷價值創造　231
財務人員也發揮充分的戰鬥價值　233
財務的進步是一切進步的支撐　235

後記　238

推薦序
華為的成功，把基本常識與真理堅持到極致

　　華為一直是家神祕又傳奇的公司，被譽為一匹來自東方的土狼，在獅子林立的通訊行業，硬生生撕出了自己的領地，又傲然站立在了行業的領導者地位。任正非也被譽為率領土狼軍團的「成吉思汗」，橫刀立馬，總能所向披靡。

　　在中國大陸有很多描寫華為的書和文章，很多作者都慣于「盲人摸象」——從某一個角度誇大和放大功效。有人學習華為的流程，有人學習華為的基本法，有人學習華為的銷售管理，有人學習華為的組織架構，有人學習華為的績效管理，有人學習華為的解決方案管理，真正成功的寥寥無幾，甚至有企業因此瀕臨破產，因為它們都學偏了。

　　我很有幸有機會參與了華為高速發展的過程，從 1999 年到 2012 年在華為有 13 年的實戰經歷，從事過研發、銷售、服務、供應鏈、行銷等多個前中後場崗位的負責人，也擔任過華為多次重大變革試驗的親歷者。很痛心看到很多企業沒有抓住華為的精髓而「邯鄲學步」，因此致力於要把華為的精髓傳播給更多的優秀企業，也成功地在中國大陸幫助多家知名上市公司高速發展。

　　總結要點學習華為並不困難，只需要抓緊三點：第一，學習華為的文化內涵是什麼？它如何構建自己的基本假設，它如何確立並落地自己的經營哲學，它如何堅持基本常識不動搖。

　　第二，學華為是怎麼樣學習別人的？華為用了 20 年的時間學習各個優秀公司，不止向 IBM、美世 Mercer、埃森哲、麥肯錫等優秀諮詢公司學，也向通用電氣 GE、德國電信 DT、英國電信 BT、京瓷等傳統國際優秀公司學習，還向新興的科技公司 Google、小米、OPPO/Vivo、阿里巴巴學，而且華為學誰都能最終「青出於藍而勝於藍」，最終超越師父，它的學習方法和學習的步驟值得我們深思。

　　第三，學華為在每個歷史當下如何批判地看待自己？華為有很強的自我批判精神，它總在不斷地否定和突破自己，並根據對自己的批判制定學習和改進的節奏步驟，不貪功冒進，也不妄自菲薄，用烏龜的精神不斷追趕龍飛船，用一步步的小贏換來最終的大勝。

　　有媒體曾經採訪任正非：「現在華為公司取得了令人矚目的成績，用了不到 30 年的時間成為通訊製造行業的領導者，在運營商、消費者、晶片、製造等多個領域均成為業界領先，請問華為成功的祕訣是什麼？」任正非回答說：「華為沒有成功，只有發展。如果說當前我們有一點成績的話，我願意把這個歸功於文化和哲學的成功；通過文化和哲學，我們團結了一批認同華為的和華為認同的人，通過幹部和組

織把這套文化傳承下去，才使得華為能夠持續發展。」

其實華為沒有祕密，華為只是把很多商業管理和人性管理的基本常識做到了極致，它就煥發了強大的能量，把真理堅持到極致就像宗教，任正非也就成了教父。外界所看到的華為「狼文化」以及華為內部宣傳的「以客戶為中心，以奮鬥者為本，長期艱苦奮鬥，堅持自我批判」的企業文化，是支撐華為卓越經營能力和高效執行力的基礎。

我和作者鄧為中老師是一見如故，他是一個很有思考力和學習力的專家，能夠很好地從很多表相的背後抽絲剝繭看到本質，有謙虛的品格和求知若渴的學習精力。他也是個很有大愛和大願力的布道者，他發現臺灣的很多企業處在升級轉型的混沌迷茫期，而願意主動引入有知見的專家，樂意分享並慈悲助人。他同樣是個踐行者，他願意深入企業與企業共同發展，而不局限於僅僅當一名講師，知行合一的行者是我一直很欣賞的。

書籍是人類進步的階梯，讀一本好書就是站在前人的肩膀上進步的快事，尤其是有正念、正知、正見、正行的智者先幫我們做好了歸納和萃取，就更是如飲甘醇。同為炎黃子孫、中華兒女，我也很希望本書能對臺企同胞們有所借鑑幫助。

華為移動解決方案前總裁　張繼立

2019 年 11 月 12 日於上海

推薦序
華為模式，融合東西方人性與科學

約在一年之前，雅萍打電話邀請我共同參與華為前總裁張繼立舉辦的華為經營管理研討會，雖然我有點好奇他們為什麼找我。數日後他們一群年輕人到我辦公室來說明他們舉辦華為研討的期望，就如同為中在自序裡所描述的一樣，我被這群年輕人的激情與使命所感動！

對於華為，甚至對許多中國傑出企業與企業家，如海爾首席張瑞敏、騰訊總裁馬化騰、海底撈總裁張勇……等，大多數的臺灣企業家或社會大眾是陌生的。我甚至還碰到有企業家說華為是中國政府的國企?! 聽到這樣的話，就如同大多數人一樣，對於中國在企業與人文、科技等各方面的發展，都是相當陌生的，中國已經不是你記憶中的中國了！

為中團隊的成員都是在中國打拚過的年輕創業團隊，他們經歷了中國產業的發展與劇烈競爭趨勢，能夠在中國的不同企業裡昇任到總經理及高管，見證了臺灣年輕人的能耐、本事同樣具有競爭力，以及中國企業的創新發展。他們都經歷過臺灣產業發展的高峰期，看見臺灣目前停留在產業轉型升級的困境。因此，懷抱著激情回臺灣來，期望將他們所見

所學與臺灣產業界分享，激勵鼓勵年輕人，以及分享中國企業的創新經營思維。

到目前為止，我相信全世界都知道「華為」這家企業。主要拜美國之賜，由於美國逐步失去在 5G 通訊科技與互聯網上的優勢，舉美國全國之力，並試圖聯合其歐洲、澳洲同盟國，共同地、不斷地打擊、封鎖華為！雖歷經美國持續的嚴厲打擊，但華為 2019 年上半年年報顯示：銷售收入 4,013 億元，相當於每天進賬 22 億元，同比增長 23.2%；智慧手機發貨量達 1.18 億臺，華為手機第二季度市場份額為 38%，同比增長 24%，創 8 年來新高；平板、PC、可穿戴設備發貨量均呈現逆勢增長。華為在 2019 年研發投入預計達 1,200 億元，相比去年 1,013 億元繼續增長。這樣的成就與研發投入，大概也創下人類歷史的先例！

特別是在全球化自由貿易的趨勢，從來沒有一個國家可以限制他國或企業、社會的發展，這也是對美國民主與自由資本發展的一大諷刺，但也突顯華為的偉大；華為寫下在互聯網新時代華人企業的新理論，這是華人企業的光彩。並特別是從 3 人創業到成長到 19 萬人的全球性企業，只花了 30 年左右的時間，在其產業的主航道上屢創世界第一，這樣的企業值得我們大家的關注與研究。

華為的成就當然離不開任正非總裁的經營思維與哲學，任正非非常重視華為文化形塑，這基於他對「人性」的深刻理解與中國古老智慧，並勤於持續創新學習，10 年左右時間

花費 80 億美元，請全世界最優秀的管理顧問公司協助華為規劃設計未來新時代的組織與管理制度，如今也成為世界各知名管顧公司的學習個案。

華為的經營模式融合了東西方的許多人性智慧及科學理論。任正看見組織裡人性的黑暗面「組織黑洞」，特別提出華為的「永動機模型」，結合熱力學第二定律「熵增」的觀念，強調透過「負熵」、耗散理論等各種主動介入的作為，避免讓華為墜入熵增的無序狀態。

他許多經典話語：如「狼狽的合作精神——狼文化」、「自我批判」、「華為沒有成功，華為只是成長。」、「深淘灘，低作堰」、「宰相必取於州郡，猛將必發於卒伍」是華為選拔幹部綱領、「未來的戰爭是『班長戰爭』」！讓聽見砲聲的人來指揮砲火、做決定，學習新時代企業組織要向海豹特戰小組、成立藍血部隊、利用戰略預備隊培養華為人成為能獨當一面的當責者、領導者！」……等，我研究關注華為已經 10 多年，對於華為的成功除了敬佩，還是敬佩！

最後還是讚嘆我們的年輕作者群，佩服他們對社會的使命與激情，並將之以本書作為成果展現！因此，特別推薦本書，期望本書能夠提供社會大眾及企業界認識華為企業，學習華為的思維與經營理念。讓我們找回積極奮鬥與創新精神，再創臺灣產業的新歷史！

改變從「你 / 我」開始，從我們的「心」開始！從透過不斷地學習新事務、新知開始，從「新的認知」（負熵）激

活我們活得有意義、有價值的初心！

國立台灣大學管理學院教授　陳家聲

2019 年 11 月 14 日於臺北

作者序
狼性管理體系，從貧乏出發到撼動國際

　　近年中美貿易和科技戰在國際間如火如荼進行中，一時間全世界都認識到了一家中國大陸的科技公司——華為，因為在中國大陸計畫邀請華為前移動解決方案總裁張繼立老師來臺演講分享「狼性文化與管理」，一時之間回臺灣時，查閱臺灣的網路和書籍，才發現在臺灣居然對於現在全世界管理經典的管理案例，「狼性管理」與華為公司的繁體介紹與內容，竟然如同荒漠一般，感到十分震驚。

　　作為往來兩岸的職業經理人與管理顧問，教學已經10餘年，不斷的在研究與閱讀管理案例，特別是研究亞洲市場成功的案例，發現目前整個世界和中國大陸的企業都在熱烈的學習華為的「狼性管理」，感嘆終於在數百個歐美案例中，萌生了一個華人企業，實在欣慰。

　　然而，現在在亞洲管理顧問界常借鏡的這一個管理案例，可能勝於歐美的管理案例，在臺灣管理市場卻是普遍的悄然無息，深感這對於臺灣企業的發展，很可能將失去一個可以借鏡的最新成功案例，故而希望能透過這次出版和活動，能夠為臺灣介紹這一個華人世界經典的企業管理案例，

讓臺灣企業能從不同角度去看看，一個從絕望中創業的中年人，如何一手把一個山寨公司變成震驚世界的科技王國，同時創立了中國企業的企業治理大法的先河。

這個漸漸國際知名、撼動改變世界的企業故事，也許可以給寶島臺灣一種借鏡、思考、警示和指引的機會，幫助臺灣企業厚植未來更多的國際競爭力。

這10多年間每年出國不下數百次，每每回到臺灣觀察，就能從生活與觀察中感覺到社會氛圍的顯著變化，尤其這幾年中國大陸的「狼性」在不斷上升，臺灣卻是「小確幸」不斷在上升，兩種文化的迥異，漸漸讓兩岸的社會、文化、市場與科技產生十分鮮明的對比。套個在兩岸設廠經營企業主的玩笑話，「在中國大陸商會裡大家討論的都是怎麼賺錢怎麼發展怎麼國際化，在臺灣商會，往往常常都是聊怎麼規劃退休交班，和什麼降血壓的藥很不錯」。

這個笑話說起來也許挺諷刺的，但是也似乎多多少少描繪出兩岸商業環境發展到了不同階段，臺灣社會與企業逐漸邁入老年化，而中國大陸還在青年期，不斷的在新的萌發和創新，甚至已經悄悄的很多方面跑在世界的前端。因此我深深覺得，如果臺灣根本不知道中國大陸的企業這幾年怎麼進行「質變」，也許不久的將來，臺灣不僅會在市場和科技上被國際社會淘汰，很可能連文化都遠遠不及，這種話二十年前說出來大家可能不信，但現在卻是臺灣不敢去正視的問題了。

　　作為一個旅外工作的臺灣人，我們始終對於臺灣這個長大的地方充滿想念和深厚感情，卻也帶著不少憂思。套句臺灣商界在上海常常聚會說的感慨「來到這，就很難回去了……」，多麼扎心但又真實的掏心窩話，但是卻反映了在多少在國外工作的年輕人內心心聲。

　　每每在海外工作的日子，總希望有天回到臺灣做點什麼，希望這個故土更好，能給更多人機會，甚至有一天可以讓旅外的遊子們回來安居樂業。也許，透過這一次難得的出版和活動，就是我十年來最一嚐宿願的機緣。

　　感謝張繼立總裁接受我的邀請，並且替本書寫序，指導我正確還原許多華為故事裡的真相，更與我深入討論給中小企業的寫作方向，希望這是一本不只給企業借鏡的書，更能給社會帶來一些狼性的基因與血液。

　　狼性管理體系，是一個華為管理體系的精神代稱，但不足以全部解釋華為的發展歷程。我們藉由一個標題讓大家開始認識這一個崛起的案例，如何從貧乏的環境中發展到撼動國際市場。這一個管理體系，是現在整個中國大陸的行業，特別是在製造業與電子業，可以說是大家紛紛仿效學習的模型。在這次中美科技競賽中可以體現，不僅在中國大陸，甚至目前在世界上，也是最成功、最恢宏的管理案例之一，更可算是東方華人共同的驕傲，其原因有三。

　　第一、自八國聯軍之後，東方從來沒有一個管理案例可以戰勝歐美的產業，打破了過去華人只能研讀美國案例和管

理的局面，創造了一個融合東方歷史、文化和哲學，卻接軌國際與市場的管理體系與案例，對於東方華人企業學習，體質更為貼近。更何況是一家連上市融資都沒有的公司，如何實打實的一步步茁壯，給了中小企業充分借鏡的機會。

第二、它的科技含量是超越歐美的，打破了東方只能倚靠人力和代工為主的局面，不管是自主研發或是品牌，甚至是打敗了歐美的龍頭企業，成為一個時代科技的最前沿，也變成美國最懼怕的企業，成為連美國政府都害怕的企業，著實不容易。

第三、它不僅賺錢，更重要的，它在業界贏得了「偉大」之說，怎麼說是偉大呢？我們可以簡單的這樣說，一個企業能夠為同業所佩服的，為客戶所褒獎，為對手所害怕的，被行業對手尊重致敬的，為企業所仰視讚歎，更要受到社會民眾支持與讚嘆的，更要能讓一個國家的人都感到驕傲，並且創造了一個新時代，扭轉了局面，並且低調實在，才算是一個可以被稱為偉大的公司。有如上的這些特質，在全世界乃至於歷史上，大概就是鳳毛麟角了。

筆者過去曾在中國大陸擔任臺資、陸資與外資的經理人，對國際、中國大陸與臺灣有一定的熟識，並且曾在家電、電子製造業與管理諮詢公司研究和工作數年，老實說對於華為這一個案例，仍是感到非常好奇。因為，在中國大陸改革開放的 30 年，在一個混沌未開、短視暴利的年代，既沒有風口浪尖，也沒有風險投資，那是怎樣的眼見胸襟和堅

持毅力，能讓一個中年大叔在破舊大樓，憑著 10 萬臺幣、幾張辦公桌和行軍床開始起家的小公司，能夠成就如今一個有 19 萬人的狼群鐵軍，一個在世界上讓華人驕傲、戰無不勝、橫跨國際的企業鐵軍呢？

　　寫這本書前幾經考慮，也曾經考慮放棄，因為要寫一個具有深厚「哲學底蘊」的企業，卻要能夠深入淺出地讓讀者閱讀容易，著實是一件不容易的工程，所以即使過去寫了幾本拙作，這一本書仍是始終抱著戰戰兢兢的態度，不斷在心中反覆著墨，久久不能下筆。特別在此次研究著墨的過程中，從眾多資料中深深的感覺到，寥寥數萬字，也只能把狼性的精神提取表面的精要，受限於自己的狹隘，很難把華為創辦人任正非的層次與內涵完整表露，也不能把它的精神和韜略逐字逐句地挖掘翻譯出來，特別是在張繼立總裁的訪問說明裡，更覺得光是用文字表達還是非常有限，內心不絕的自我反省而感到諸多遺憾。

　　感謝時報出版的趙董事長鼓勵，建議先讓臺灣讀者初步認識這個「狼性管理」的管理系統，讓讀者有一個簡單入門的方向。所以，斗膽用些許的淺見和數年觀察，為臺灣的企業簡略的介紹這一個華人世界的經典管理案例；並且用中小企業所需要的角度，去建議企業如何去推動，希望能夠為臺灣的企業提供一些指引，引起大家對於企業管理到另一個層次維度去觀察借鏡，未來助力臺灣的經濟與產業發展。

　　最後，願我們的臺灣社會，也能夠有一個艱苦奮戰的土

壞，讓勇敢不懈的人們，也能夠為國人在世界贏得豐碩的經
濟的戰果，願臺灣未來能夠富足安康，人人安居敬業，臺灣
再飛。

人心解碼管理顧問總經理　鄧為中

第 1 章

緒論：
從不同維度層層撥開狼性管理

何為真實的狼性

放眼世界，現在管理顧問界與企業界最熱門研究的管理案例之一，一定有個華為公司的管理模式——狼性管理。

一般來說，人對狼的第一印象是陰狠恐怖的，這是由於電影裡的印象使然，但是我們少有機會深入去了解狼的特性，為什麼牠是被華為所引用的動物，又為什麼這個動物現在成為了近年來最流行的管理典範。

這種「狼性」的出處，出自於任正非小時候不斷要「活下去」的念頭。任正非曾回憶過去小時候，「我們家當時每餐實行嚴格分飯制，控制所有人欲望的配給，要保證全家都能活下來。如果不是這樣，總會有 1、2 個弟妹活不到今天，致使我真正能理解『活下去』這句話的真正含義。」

「高三快高考時，我有時在家複習功課，實在餓得受不了了，用米糠和菜合一下，烙著吃，被父親碰上幾次，他心疼了。其實那時我家窮得連一個可上鎖的櫃子都沒有，糧食是用瓦缸裝著，我也不敢去隨便抓一把。」

「高考前 3 個月，媽媽經常在早上塞給我 1 個小小的玉米餅，要我安心複習功課，我能考上大學，小玉米餅功勞巨大。如果不是這樣，也許就沒有了華為這樣的公司，社會上只會多了一名養豬能手，或街邊多了一名能工巧匠而已。這個小小的玉米餅，是從父母與弟妹的口中摳出來的，我無以報答他們。」

很多人知道的華為故事是從 1987 年開始講起的，卻忽略了任正非他從小的經歷，事實上華為能成就今天的成就，與他的小時候已經有了莫大的關係。

1987 年是華為創業的第一年，當時的中國大陸開始了才剛剛不久的改革開放，當時 43 歲中年的任正非，在國營公司因工作失誤丟了飯碗，背負了 1 千萬的債務，老婆也和他離了婚。無奈之餘，只能勉強湊到 10 萬元，在深圳的一間簡易房，和幾個中年人開始了創業之路——創辦華為，力求在人生的未來繼續的「活下去」。

當時任正非和父母同住在一間只有 6 坪不到的小房間裡，就在陽臺上做飯，母親甚至得常在菜市場魚蝦攤邊常留意，魚蝦一死就買下，因為死魚價格便宜很多，任正非就是在這樣艱苦的環境和條件下開始創業。

「活下去」其實是華為最核心的精神，而「狼性」是在發展過程中建立出的一套較為成熟的發展模式。這套模式把華為推向了高峰，是華為在經營的過程中，發現並提取狼這種動物的優異特性，正是華為團隊當時所最需要的特質。

張繼立總裁進一步解釋道：「**華為狼文化有三點最為重要的：1、有敏銳的嗅覺，機會第一，能夠不斷與客戶溝通，保持業務的敏感性。2、有不屈不撓的進攻精神，責任結果導向，結果至上，用軍功章換自己的地位。3、群體協作，勝則舉杯相慶，敗則拚死相救。華為不認可孤膽英雄，只講團隊協同和群體作戰。**」

　　這是華為當時為了市場和發展所需要的最重要特質。這確實是很多企業所期望的員工特質，也是很多人希望能擁有的特質，但真正讓人震撼的是，這是任正非所領導的華為，19萬員工具有的共同特質。這股力量，讓我們用一個戰國時代來譬喻想像一下，如果市場中，我們的競爭對手中只有一個人是狼王，那也許並不可怕，因為其他人很可能都是小白兔或綿羊，但是當對手們是一群狼時，總數19萬，那麼這樣的對手，就會可怕到連美國的企業和政府都要針對性地進行防禦了。

　　華為在臺灣，很多人是隨著其品牌手機在2018年，發展出有別以往的卓越拍照功能才開始正式認識的，並由手機的認識在臺灣打開了知名度。事實上，在中國大陸，這個品牌觸動大家去研究學習的真正原因，並非是從手機時代（華為2010年才確立了開始發展手機的發展方向），而是他們在基地站時代，已經在電信領域飛躍式成長與經營，悄悄的成為世界前三十強企業。

　　它的高速發展自2004年開始，華為員工人數從2萬2千人增加到現在足足有19萬人，且人人的績效都能保持百分百達標，更連續14年不斷超越及進步，不僅在5G技術的專利數占居世界第一，也在手機市場上打敗了蘋果品牌；基礎通信設施更曾勝過易利信、諾基亞，而目前的市場份額在歐洲、中東和非洲都保持了領先的優勢。

　　這樣的企業發展成果是非常巨大的，華人企業能擠進世界前三十強，實數不易，而且撼動的力量一點都沒有受到美

國實體名單打壓而減緩，還在持續放大，甚至計劃成為未來科技領先的定義者，改寫東方數百年來在工業與科技上領導的被動局面，這個成果若不是美國政治勢力的介入，很可能已經順利完成了。

這家公司成功的主要原因，業內歸納於三個最重要關鍵的元素，就是華為有著強而有力的**「戰略管理」**、**「頂層設計」**與**「狼性文化和哲學」**，**把這三者運用戰略管理、流程化組織管理和財務管理進行了有效的閉環。**也就是說，透過一環套一環，環環相扣的設計，以及始終以獲得客戶的好感和信任為核心策略，終能逐步達到蠶食市場的目標。而其中至為關鍵之處，就是其「文化和哲學」。

在開始深入認識這個狼性公司之前，必須事先共同提升一下我們的管理高度與維度，因為在長期深入各式的管理研究資料後，不得不說，要真正徹底了解與活學活用華為這套管理方法，必須在思維層次上盡量達到華為創辦人——任正非的高度（他是一個非常喜歡閱讀和思考的人），否則很可能只看到狼性管理的表面皮毛（過去網路上很多網友評論表示看不懂相關書籍，實屬可惜）。

在撰寫過程中，曾多次訪問到華為前移動解決方案總裁張繼立老師，他在談話裡不斷提到，華為的管理在軟硬體上和國際化的公司實際並無太大差別，最大關鍵是在企業文化，文化讓華為人身上流著狼性的血，才造就這樣的超強競爭力。建議大家在閱讀中，盡量去延伸了解這些文字表面背

後的管理和文化層面，是怎麼建構出這間公司文化和精神的維度，才能得到華為最精髓的內涵，而非只看到方法論。

跨越「見山還是山」的管理思維屏障

在經營管理的產業界，大家都喜歡討論交流管理策略與對事情的看法，其中對於認知層次，常常會分作「見山是山」、「見山不是山」和「見山還是山」這三個層次來討論。

在管理學初入門的階段，我們常常會借重西方的統計管理學和管理工具，透過這些內涵去做學習。但華為是一家很具東方色彩的公司，要理解東方文化下的管理時，很多時候研究的領域必須要更高更廣。因為世界上存在的歷史古國當中，唯有兩岸三地的華人是最具有極其深厚的「政治、歷史、情懷、哲學與文化背景」。

而這些內涵，都是深深影響且驅動著華人管理公司與西方公司的不同之處，很多歐美公司到了華人的世界，因不了解這裡的文化深厚，而在經營管理上很容易吃癟。因此，要了解「狼性管理」，必須要在其深厚的文化基礎上，多下點功夫。

以下簡單做個解釋，這三個層次的概略差別，在閱讀狼性文化與管理上，建議用第二個或第三個的層次去看，才能收到其中真正的精髓。

入門的第一層：見山是山的組織管理

這是一般教科書上的知識，一些企業常見工具、表單、表格、流程、制度、方法與總結。這類常見的書籍內容，多是工具和統計管理學類，例如從很多案例中汲取共同因素，然後做成結論，或者用幾個標題或總結來說明要點。

這類的管理學，研究雖然嚴謹，也做了足夠的量化剖析，多是結果論，從研究角度去分析統計的是一個基礎建議指標。企業在運作上，可以做為一個很好參考，如果連這樣基礎結論都做不到，那肯定是會失敗的，但就算達到了，也不過是管理基礎。另外大家就算把這個成功案例真的施行下去，大多還會遇到各種人為的干預，因為本身條件因素不具備與案例中的「前因」相吻合，以致無法順利推行。而管理停留在這個層面的，這類的公司在經營上總是困難重重，往往不斷「爬上去又滑下去」，就連要達到「見山是山」的管理層次都很艱難。

在了解不夠透徹下，很多人看了這類的資訊，就貿然的投入到其中去仿效，花了大筆的金錢導入新系統、聘請一些顧問經理人，但最後員工仍依賴舊模式，而以不順手等各式各樣的原因及理由，不願意改變或重新適應使用新系統，以致最後無疾而終。

這種案例非常多，主要是因為在導入管理系統的過程中，後面層次沒有「見山不是山」的文化與人心意願支持的

背景，如此這些 IT 或管理系統成效是很有限的，甚至沒多久就晾在一旁了。如果是正面臨這類管理瓶頸的公司，建議先做好變革前的基礎文化建設工作，並且關注華為是怎麼看待人性。

　　華為對於人性的假設，在 20 年來都是精準的，這也是本書最重要的內涵，並非網路上就可以找到的華為工具、表單與表格。細細體會任正非的話，可能會遠比運用這些工具的收穫更為巨大。

第二層：見山不是山，
管理的背後仍是思想與行為

　　現在在中國大陸的資本與管理圈很流行研究《金剛經》，在經文中，佛陀常常譬喻很多事，指出文字僅是一種形容譬喻，並非就是全部的實相，只是幫助理解的工具。所以在管理學進入到「見山不是山」的管理參考，就是歷史、傳記與哲學了，雖然沒有明確的指引，多是一些感悟和場景體驗，但可以從中挖掘出隱藏在這些經典人物，在一個時空背景下是如何進行決策背後的考量。這個階段的管理學，開始有了可以運用千百年的智慧。

　　張繼立總裁說：「要知道再好的管理模式和系統，如果是『生搬硬套』的，很可能會畫虎不成反類犬，甚至會產生

很多排斥和成本。」

　　大部分的中小企業在發展過程中，內部一定有很多「變革升級」產生，而且依照現在全球產業與市場的變動速度來看，估計每 18 個月，很可能就會隨著技術性連動產生一次「質變」；也就是說，企業員工必須每 18 個月就改變一次工作習慣。這個快速變化的時代，確實讓很多企業頭痛，往往一個東西才剛剛熟悉，馬上又出現一個新的趨勢。

　　這個變動對臺灣的企業來說，特別是對中小型企業無疑是巨大的挑戰。除了一些新創公司本來就習慣這個節奏，對傳統的中小型企業而言，因為跟著成熟市場發展已經很久，大多數的老闆和員工也都有了相當的年紀，接近要考慮退休的狀態，此時反而要加碼跟進投資、變革或創新，這種心理上的違背與衝擊，肯定帶有無數矛盾與牴觸的情緒，導致很多公司最後只能被市場淘汰，不是逐漸萎縮而關閉，就是選擇被併購退出競爭市場。

　　而大型公司在面臨變革轉型升級，未必不會遇到衝擊，只是因為人才與財力較為雄厚，轉型的陣痛會比中小企業來得減緩，並且經得起風雨，但轉型的速度很容易牛步前進。

　　那麼，令人好奇的是，43 歲從負債中創業，現在已經70 多歲的任正非又是如何做到中年創業，還讓華為的一群人變成一群狼，快速順利的進行變革與創新呢？

　　這裡面有著深厚的基礎。任正非平時喜歡閱讀各式的書籍，遍覽政治和歷史上的先例，他在華為管理方法的背後，

賦予了相當深厚的精神指標與價值意義，讓分佈在世界各地的華為人，都有著相同程度與高度的價值觀與意志。所以，當面臨各種挑戰時，華為人能夠如同狼群合作般的鍥而不捨，不斷向挑戰往前邁進。

第三層：見山還是山，管理制度是幫助企業有效完成目標理想動態的手段工具

跨越了見山不是山，到了「見山還是山」的境界，一切管理都還是合乎「商業真理與邏輯」。這其中包含人類、萬事萬物與企業的共性和通性，更要有思想與價值的引導，既要能夠幫助人類生活與社會進步，也要掌握具體實現的方法和策略。這種既有高遠理想，又更深入如落地執行的企業，能提升成體系的經典企業案例，就不多見了。列舉東方亞洲世界熱火朝天的案例，就像是阿里巴巴、華為、松下、豐田、京瓷阿米巴模式都是，西方則是 Google 谷歌、IBM 和 GE 奇異等等。

想必大家可能都很熟悉阿里巴巴這間公司（一定知道一個網站叫淘寶），阿里人的理念是擁抱變化，適應力強，創造了一個可以 2 週生出一家公司的快速進軍市場能力。而華為公司，則是可以從艱苦中不斷奮戰的狼群，華為的狼，求的不是知名和快速拓張發展，而是厚積薄發，把自己的生命

與價值逼到極致，華為專注通信市場，務求把市場的一個個目標拿下，把一個個客戶服務到最好。

也因為如此，大家可以看到雙 11 購物節的驚人交易額，而相對於阿里巴巴，很少聽過華為過去如何高調的宣傳自己，事實上它的營收比騰訊和阿里巴巴加起來還多，此次若非美中之戰把華為推到風口浪尖，臺灣社會普遍很多人可能還不知道有這間公司。華為過去雖然低調，但更著重在實業上做到卓越，謙虛不傲慢，緊盯目標繞著客戶打轉才是他們處身的價值。也是因為如此，他們能不斷厚積薄發，把自己、公司和產品做到極致，讓華為的管理與成就，成為市場敬畏的案例。

華為在這個不斷成長的過程中，並非沒有遇到瓶頸，事實上也不少，只是他們的精神與價值觀，能夠不斷支持他們可以順利通過市場與成長中的問題，從來不在失敗和挫折中退怯，不斷勇敢往前。因此，看待華為的管理法，首重的就是他們的精神與價值層面的穩固，看似與國際相似的管理系統，背後實有著任正非深厚的歷史和哲學家思想。

因此，華為人不只是一群狼，抑或說是戰無不勝、攻無不克、不畏犧牲死亡的「有智慧、有思想」的軍隊。也因為這個基礎，讓華為在每次的挑戰與變革中，沒有被自我打倒，並在通訊建設上逐步提高市占率，即便在 2018 年已經退出美國市場，受到種種輿論圍攻攻擊，仍能創造 3 兆的營收，在品牌手機戰場上打敗蘋果，並且僅僅離三星一步之

遙，都是建基在華為不譁眾取寵的精神與毅力，在產品和功能上鑽研，用實際的消費者體驗來說話，而贏得了市場實實在在的口碑與信任。

有些管理剛入門或偏重經營獲利的企業，因為求快與追求速效收益，而偏重方法和工具論。其實，這是在企業進入到「見山是山」的階段，往往容易被甩掉或碾壓的關鍵轉折點，更遑論有的企業能達到「見山還是山」的階段。

追求快速的企業容易投機，即便短時間能取得很高的獲利，但是講求機會主義的公司，長期很難累積深厚的基礎與人才。這種表面漂亮的樣子，在產業內如同浮萍，若展開時間軸，以長遠的 20 年來看，最後多是草草收場。他們在這些科學的系統上並非沒有著力，只是容易流於形式，沒有在公司裡扎下深厚的管理基礎與競爭力。

因此，當我們要深入認識「狼性管理」，必須把「管理」視為「打造和營造」到文化、意識、價值和血液中，不能用傳統的字面上來解讀，因為「思想與價值」是看不到的。有了這個認識，才能真正地汲取到，華為是如何去「營造」這樣的環境和氛圍，讓同仁們變成一群一群團結奮進的狼了。

真理往往藏在深處

要了解華為的狼性管理，分解這個管理模式。大致可以

用一個「車輪」的形象，來方便簡單理解三個重要結構與環節（圖 1-1）。

　　最核心的軸心部分：就是一個企業的真理、信念、精神、價值觀、人性、文化與科學基礎。

　　推動過程的車軸部分：就是邏輯、理論、系統、哲學和戰略。

　　應對的車輪部分：技巧、經驗、策略、制度、態度、習慣與工具。

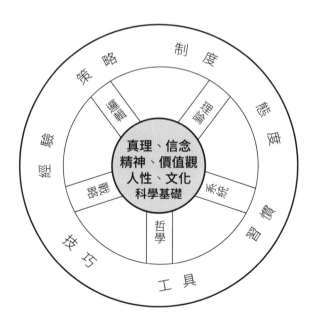

圖 1-1　華為的狼性管理模式

看待華為這個管理案例，可以就這三層、18 個種類去解析，仔細的研究，方得其中奧義。而為什麼分這三層？

首先，我們分析一個企業最骨子、最有底氣的硬核，就是要看它的獨特「軸心」，也是整個車輪動得最慢，甚至可以說只有轉，沒有變，以「不變應萬變」，卻沒有真正動搖的根基，如同八卦一樣，真理常轉但沒有偏失。

華為有著依靠真理、不會隨萬變起舞的經營與企業價值觀，例如在日本經營之聖──稻盛和夫的企業管理理念中，有一條簡單清晰的辨別標準：「作為一個人，最基礎的判斷是什麼？」、「作為一個人的標準」，就是阿米巴經營的人性最核心。

華為亦是，「以客戶為中心」就是整個創新的基礎核心，所有人面朝客戶，屁股朝主管，把一切不在客戶身上的服務和創新，都視為是一種浪費。「以奮鬥者為本」，就是整個狼性頂層設計的核心奮戰精神。

以其信念灌輸所有華為人的判斷基準，就會形成一種企業內的行為與價值觀準則，眾人執行和認定的愈長久，就會形成出一個愈清晰的企業文化。價值觀構成的思想和行為，就會形成一種精神形象和磁場氛圍，也能作為人群的一種精神糧食。「精神」亦是一種「生命意義」，可以作為人的「生命」食糧與動力，亦是企業中員工的精神食糧與奮鬥方向。

一間企業的市場拓展，必須要很多客戶的支持，企業的生存，必然也是其品牌與精神價值的延伸，這個關聯，大大

的關係到企業的存亡與存在必要。更簡單的說，一個對客戶而言一點「意義」都沒有的品牌，就是它死亡的終期到了，因為這個品牌的產品和精神價值，不能讓客戶達到滿足，也就會從心中的名單淡出和剔除。

　　我們要看一家企業有沒有奉行商業真理，可以檢視這個企業有沒有掌握到人性的共性和通性，不管是對客戶或公司同仁，沒有正確人性基礎的公司，就得不到人心，得不到支持。即使管理的科學基礎亦然，都是建立在人性之上，華為的管理都是依據人性來設計與實踐。

　　華為的管理設計嚴謹，依據人性而不失狼性，能夠保證帶給員工源源不絕的動力和拚勁。如果一家公司的頂層設計、績效和管理模式是過時或不合人性，那麼最終導致僵化和老化的結果也是必然的。所以，觀察一間企業有哪些人性和科學的管理基礎，就能從中找出發展的規律，並且找到避免掉入人性險惡的風險與陷阱，甚至加快員工正面行為和理念的產出，如此企業成長的動能才會蒸蒸日上。

　　這也是為什麼管理者要常常分析、學習很多管理案例的原因，必須試圖在工作中，找出忽略的人性與管理基礎的盲點，這類導致企業停滯不前的潛在因素。

　　掌握到這個核心之後，就能進一步去了解這個案例裡的因應市場的戰略。這一層並非技巧層面的東西，也絕對不是毫無章法的，而是「有邏輯」的一種漸變，既不能死守原則，也不能完全沒有依準。

　　要了解和學習一家公司的戰略經營，一定要在他們經營的市場和管理的事件上去著墨，因為這些事件往往就像企業歷史課，很多時候都是每家企業可能遇到的，值得我們借鏡。仔細研讀他們找到了什麼規律和邏輯，總結出了哪些理論和哲理，這些很多可能都是過去我們想都沒有想到的。這些經驗法則在思路上不僅可以指引我們方向，進而能夠拉高我們的思維層次，讓問題直接跨越而不攻自破。

　　建議學習管理學時，我們必須把時間和環境因素盡量還原，如同讀歷史一樣，能貼近當時的時空背景，設身處地揣摩自己能否依據以上的系統做出一樣的判斷和作為。並且進一步辨證，若是選擇不同結果，可能又會產生哪些變化，如此就能從案例中萃取出最能活用與有營養的部分（國外的很多討論系統觀念的著作，都是富有這樣的內涵）。接著，則是觀察研究他們是怎麼串連出關係系統，並且透過這些延伸出戰略思考。這個部分很少讀者有耐心，又能真正的解讀或總結出來，但這才是一個宏觀的管理思維。最後才是精讀案例，總結出來的「技巧、經驗、制度、態度、習慣、策略和工具」了。

　　在與張繼立前總裁討論和溝通之初，他常常耳提面命，如果認為講狼性管理就能真正了解華為，那就是走偏了，好比中國禪宗不立文字，當以心傳心。就是因為很多人都會認為「狼性管理」是建立在「有形」的基礎上，所以本末倒置了狼性管理，事實上，狼性管理重視的是「血液和意識」裡

的內涵，應該說，所有華為「有形」的方法和制度，是建立在「無形」的文化之上，這才是這麼多公司想去複製華為卻失敗的原因（京瓷阿米巴亦然），畢竟這一份文化底蘊，才是最為珍貴之處，至於「有形」的管理，不只華為，很多企業都早已經具備了。

建議大家在研讀這一本狼性經典案例時，盡量可以不去過分執著他們到底是怎麼「規定」的，又用了哪些「方法和工具」，更重要的是去關注他們如何「打造和營造」。因為，華為就是創造了一個「蓬生麻中，不扶自直」的體系，才能產出一頭頭驍勇善戰、不畏生死、死咬目標的「戰狼」群。

任正非曾說「華為不缺人才，華為是人才太多了」，請大家多多體會著墨，為何華為可以把市場「千軍易得一將難求」的現象，變成「人才濟濟」，如何打造一個企業系統，才是華為的可貴之處。請務必放下「有什麼祕訣殺招」的想法，細細去品味，就能深刻領略到此經典案例的深遠深邃之處。

第 2 章

華為基本法：

支持華為公司運作的韁繩與鏈條

打下基本法的基礎是開展華為完整的經營哲學

認識狼性管理或是研究華為這家公司，必須從其最重要的、最核心、最恢宏、也最具代表性的「華為基本法」開始談。這是華為公司萬丈高樓最重要的地基，也是因為有了基本法的產生，奠定了華為的基業，才有了後來的成就。

管理學家霍森曾說：「如果哲學家不能變成管理者，那麼管理者一定得是哲學家。」在亞洲當然有很多成功的企業家，其中不乏巨富，但是能夠獲得業界與社會普遍認同敬畏的不多，更在其中稱得上以「哲思」來引導企業的更是寥寥可數。

金融業量子基金的索羅斯（George Soros），就是哲學系出身的，但是這個哲學，並非是大家過去對「哲學系」，以為是不太實用刻板偏誤印象，而是回歸到「哲學」二字本身的原意。「哲學」和「哲人」源於古希臘拉丁文和易經所說，是「愛智慧、追求智慧」的意思，在中國更有喜歡思辨、博學之意，這樣的功底，過去怎會被認為無用呢？恐怕是社會普遍過於急功近利，才會忽略了企業經營更是需要「哲學」的。

華為的狼性管理與基本法，看似通俗易懂的大白話，並非是庸俗的「打雞血」搞激勵，而是有一個深刻思辨的過程，並且追求理想與實踐的意思。胡適先生在《哲學史綱》裡說：「凡研究人生切要的問題，從根本上著想，尋求根本

上的解決，這就是哲學。」也許，這就是為什麼基本法能帶給華為狼性管理一個重要價值與指引的原因。華為基本法關注的就是一個企業和做人的根本意義與方向，為華為立下根本的基礎。

記得華為總公司在整建時，公司高層討論要多少地下汽車停車位，結論是 5000 個，到了任正非那裡卻批下 2 萬個，很多人以為浪費，沒想到 5 年不到就不夠了。所以，任正非看得始終長遠。

基本法是一種精神與價值指引

「基本法」歷時 3 年，4 次更改，從 1995 年開始，一直到 1998 年頒訂實施，中間經過非常長時間的討論，一直到頒布才開始了在華為的落地生根，在那以前的華為稱為一次創業，在頒布之後稱為二次創業。因為在此之前的華為是一個原始的野蠻生長方式，不斷的在「摸著石頭過河」，沒有一個確切的價值依據與方向目標，倚靠的都是老闆領導和市場的成長，當時的華為只是追求利潤和力求活下去而已，與一般企業並沒有太大差別。

很多的企業有「經營理念」與「員工守則」，但是沒有根本大法，一部可以讓全部員工清楚認識到企業價值的「基本法」。華為公司在基本法頒布後，公司依著「基本法」才

開展了真正明確的價值體系工作，二次創業才真正展開，華為的所有人也才有了明晰的方向和使命。用任正非的話說：**「當這一部基本法完成後，已經流淌在華為人的心中。」**這一段不斷思惟打磨基本法的過程，彷彿為華為在黑夜中擦亮了未來的天空。

「基本法」如同一家公司的《憲法》，好比美國在經過分裂、戰爭、天災、人禍、各種主義和思潮、各黨輪流執政，甚至幾任總統被槍殺，但兩百多年來的美國仍不斷成長，持續的堅守在這個《憲法》之中，沒有過多過分的踰矩和破壞，有賴的就是這個《憲法》和其精神價值穩固了美國的精神核心。

華為立下的「基本法」就是這樣起到了至關重要的作用。當然，華為並非是最早具有基本法的概念的企業，但它是目前做得最好的標竿企業之一。很多的企業也曾一時興起，但最後大多只是掛在牆頭，或者喊喊口號而已，日子一久就讓公司的基本法名存實亡了，更遑論真正流淌在同仁夥伴的血液中，實在可惜。大多的企業，其價值與目標還是繫在領導者的心情和腦袋上，並沒有確切的定下體系、戰略與價值依據，甚至每一年還會有大幅變動，以致變成員工常常都在議論公司內政和揣摩上意的情況。

從這次美國與中國的貿易戰中，美國搜捕華為千金財務長孟晚舟，任正非就在媒體訪問談話裡，談到**「華為已經不是『非誰不可』的公司，即便沒有自己，沒有孟晚舟，華為**

也能繼續運作成長」。從此可以鑑別出，華為的基本法為企業起到的作用，在大風大浪席捲而來之時，確實牢牢的穩定住這艘大船與員工意識，而不單單是倚靠一個領導人。「**基本法就是為了讓公司達到無為而無不為的境界，誰也不會去管長江水，但它就是奔流到海不復返。**」任正非說。

為什麼很多公司實行基本法會失敗

　　華為基本法的案例給了管理諮詢界很大的啟發。因為過去即便有再好的系統，很多企業仍然沒有辦法保證實施圓滿成功，現在成千上百的公司，想模仿華為狼性和阿米巴這套系統的，都忽略了「文化」環節，因此，想要建立一套系統，應該在文化上先扎下根。如果企業內部遇到管理僵化，市場競爭疲弱，難以變革，不妨建議公司是否一起先立一個公司的基本法，統一眾人的目標、共識和方向，這樣未來新的管理思維和系統才能好好落實。

　　也許很多人會質疑，為什麼不把華為的基本法直接搬過來就可以了，而要花一週，甚至幾個月關起來討論呢？如果大多的企業實行的不好，又為什麼要立這個法呢？

　　如果簡單把企業分成幾個層次來解釋，五個層次從上到下，依序是**追逐理想的、追逐強的、追逐大的、追逐利益的、不計一切的**（圖2-1），那後三者就不用特別去立基

本法,因為追求高尚的道德情操與價值,可能會錯失更多機會。但是,如果領導者希望的是一間可持續經營 20 年以上,甚至百年的企業,想作強,想成為一個為人所讚揚的老牌企業,那可能就該立下這個法了,因為沒有這樣的堅守,自然無法在客戶心中深深烙印著印象。

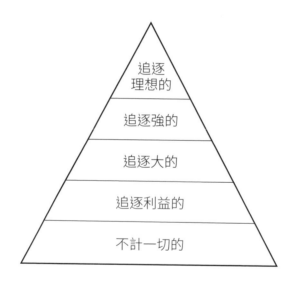

圖 2-1　企業的五個層次

相信很多企業主都曾想過,也或者制定過一些公司經營理念,但是為什麼大多不能真正落實和留存在自家員工的心裡呢?這個大哉問,是很多人在學習狼性管理之前與之後都有的疑問。

　　借用心理學家暨精神科醫師大衛霍金斯（David Hawkins）博士所做的人類能量頻率分析，以及美國心理學家馬斯洛（Abraham Maslow）的需求理論來說，人們的內心理念其實並非都在同一個層次，這是管理學必須嚴正面對的課題。再好的管理案例，為什麼不能落實在自己公司？仔細觀察就可知道，員工和公司戰略理想層次是不同步的，一個「高能量頻率層次」的理想，要套到相對「低」的一群人身上，一定得要先把人的層次提升，把使命感和積極活力風氣帶起來，否則人心無法與公司的信念相互產生共鳴，結果一定是「理想是豐滿的，現實卻很骨感」，最後勞民傷財吃力不討好。

　　這個轉型過程並非透過傳統的要求、訓練和管理就能做到，當然也並非光是提供「物質條件」就能達到，而是要經過培訓與文化的不斷洗鍊，讓員工發自內心的驅動工作和協同，對於公司全員「選用育留」必須做好組織的活性戰術調整，讓「良幣驅逐劣幣」才有可能匹配上去。

　　另外，過於「人治」的公司，也不能做好基本法的落實，「基本法」如同公司裡的國家《憲法》，是凌駕於老闆之上的，在歷史上能真正變法成功的，一定也都是「王子犯法與庶民同罪」。但是，一般的公司不是過於人治、民主，不然就是老闆說了算，這種偏向任一極端的管理方式，很容易立了法，沒多久就有很多人去挑戰和逾越這個法，甚至很多時候根本就是老闆自己先破壞這個法，以致很快形同虛

設。

如此不但浪費公司的資源，更由於此法造成公司失序，亂法亂政後，劣幣驅逐良幣，好的員工離開，壞的員工留下來，或者乾脆同流合污，當企業變革失敗，未來要制定新規就會變得更加困難。

立下基本法的好處

華為的基本法起初到現在最後一個版本，共有 5 版，增訂到 108 條，共 1 萬 7 千字。雖然在文字上不能找到明確的工具和方法論，而是概括華為公司的方向與標準，但用「見山還是山」的心境去學習，細細品味感悟，就能充分了解其背後用心。

張繼立總裁在談到基本法，說道：「**當初人民大學的教授受命去編寫「華為基本法」，窮盡了先進的管理理念和精準的管理術語，寫完之後拿給任正非，任正非就問說『這是哪家公司？如果地球上有的話我去應聘。這麼完美的公司根本就不存在。我們編基本法就要讓全體員工能看懂，能認同，能操作，而不是供起來瞻仰。』所以『華為基本法』通篇都是通俗的大白話，沒有什麼學術詞語，但卻能深入人心。**」

這 1 萬 7 千字，具有深度及廣度的管理哲學，是一種

對生命、對生存、對企業、經營和管理的一種反思與確立，在剛柔與張弛中，同時富有深厚與高遠的眼界，也創造了狼性管理中，作為一個企業、一個商人、一個員工的核心、立身、處世、價值與標準。好比「四書五經」帶給華人世界兩千年的指引一般，指引了華為人的行為與價值準則，也就不難推知為什麼這個法可以讓 19 萬的員工具有清晰的工作、人生與目標方向，並且可以充分的授權和快速行動了。

　　文化雖然是看不到的東西，但從行為心理學的角度來看，共同的正面看法，可以產生共識，可以造就共同的行動，是利於團結與執行的，在公司的運作上，可以避免掉很多溝通上的成本和失誤，對於責任和義務更是不用花時間去推拖。所以，一間公司有一個共同的基本法，可以利於團結員工的共識，不同於「管理規定」的約束性，基本法更著重的是把員工向上提升，在經營、決策、精神、價值和行為上拉到一個更高的維度，所以，在枝微末節上的爭議，自然可以比一般公司少了很多。

　　在中國大陸改革開放後約 20 年，可以說是價值觀最混亂的一個時期，很多倫理道德都被物質功利主義給顛覆了，華為公司在這個黑暗浪濤之中，要穩定船員的信心，建立了一個有價值、有思想、不被動搖的團隊，當時奠定的基本法起到非常大的作用。

　　反觀現在臺灣的企業，在民粹思想的浪潮下，如果企業不能做好內部的價值體系，很可能就會被「民粹」思想入

侵到企業裡。要知道「以民為主」從某個層面來看，是社會
需要的安慰劑，是解決階級和廣大民眾問題的好做法，在國
家治理上絕對沒問題，能夠創造和諧環境。但是在企業內部
未必是好事，因為企業競賽如同戰爭，市場如同疆土，倘若
在單一的一個國家社會中沒有對手，民主思潮在企業裡是非
常好的，開放而且多元的發展，尊重每一個族群，社會資源
公平的分配，能夠照顧到弱勢，多美好的境界。但是在產業
行業裡，這個不是適合經營與競爭的方法，當要用不同的尺
度分開去看，企業需要的是共識和奮進，需要的是統一價值
觀。但是很顯然的臺灣社會普遍沒有這種認識，把社會和企
業混做一談，反而缺乏了國際、企業、經濟與產業的競賽
觀。

　　產業競爭是充滿競賽和對手的，如同戰國時代，如果安
逸過度，資金和注意力投資部位錯誤，估計很可能 2 年的時
間就會遠遠地被對手超越，而陷入更多的機會損失與競爭的
困難之中，企業經營的本質在於獲利，不能盈利、不能打勝
仗，就是罪惡。

　　用社會學的角度，企業可以很祥和很有愛，像個家庭，
甚至可以發揮更多社會功能。其實這兩個價值觀因為所處的
環境、時空和內外受眾不同，不能混為一談。如果企業不能
穩固好自己的價值觀，讓社會民粹價值滲入到企業內，影響
了治理，就如同失去免疫系統的身體，進入很多病源，也排
除不了有害病毒，以致最後被拖垮，這樣的案例在商業場上

不勝枚舉。

相對於人本主義，有人可能會說狼性管理好似軍人管理，其實這是只看到了表面，張繼立總裁進一步說道：「**華為對軍隊的理解是要打勝仗，不是去當作寵物一樣約束管理起來。所以華為做管理的初衷是，搭建一個平臺，去成就更多有意願成功的狼去勝利，所以它用的是成就他人的發心。而很多人對管理的應用是，害怕失控，所以管理的很細，管理的很僵化，那是基於自我的安全感，不是對於員工利他的心。**」

華為是在團體上建立了共同的紀律、色彩和語言，並非是建立一種規定，因此華為基本法是「有度中帶有宏觀，奮進中帶有創新」，這種人性管理，更像是一種崇尚的宗教和修道院，而不是育幼院。給了華為看似軍隊的形象與評價，是因為從表面去看狼性管理，一群人對於目標毫不懈怠，好比狼群面對目標奮戰，群狼便會給人一種威懾、紀律和沉定的感覺。對比自由、開放、樂觀和浪漫的企業，華為就像是一群不完成任務誓不罷休的斯巴達勇士，永保憂患意識，嚴陣以待，一般企業隨時可能戰敗於他，所以有些人會誤以為華為就是個軍隊，靠的就是強勢，是市場的威脅。

然這些誤解，在親身讀過華為基本法後，自然就能真相大白。說狼性管理是訓練軍人，還不如說華為基本法是培育一群人共同向上的哲思與實踐。基本法是一種與員工在內心、行為與價值的一種默契和契約，引領員工邁向，如同古

希臘時期的「哲學家亦是運動員和戰士」的模式，全面提升全體華為人的信念和行動，讓他們擰成一股繩子，產生巨大的力量，肩負著大家共同的理想和戰略。

儘管華為是由 700 多位數學家、800 多位物理學家、120 多位化學家，還有 6000 多位專門在基礎研究的專家，再有 6 萬多位工程師所共同組成，研究人員占比超過 4 成，並非都是業務人員，更沒有一個軍人，但是他們卻有著戰士般堅強的意志。

所以，華為基本法所構築的是一種文化、一種價值、一種判斷、一種依準，可以讓員工作為立身處世、安身立命之用，而不是教科書的教條，更不是管理上的規定和要求，關注的是一起向上的共識。

文化雖是看不見、摸不著的東西，卻實實在在可以引領人的思想和行為，大家也可以當成一種哲學思辨來著墨品味。在經過細細品味之後，相信讀者朋友就能感受到一種大圓至鏡的企業智慧，也就真正了解到「狼性營造與養成」的核心了。

張繼立總裁更進一步的建議，「**華為基本法 1998 年編寫完畢，已經完成它的歷史使命，實現全體員工的共識和認同。然後基本法是動態在升級的，2002 年後華為在基本法基礎上更新了企業文化（以客戶為中心，以奮鬥者為本，長期艱苦，堅持自我批判），就不再提基本法了，但精髓都得到了繼承和延續，大家可以在基本法後延伸閱讀。**」

第3章

文化管理：
從基本法到具像落實企業運作

正名「狼性文化」

在中國大陸十一大假期間，剛好和張繼立總裁到廣州的一家上市公司進行課程交付，驚訝於這樣猶如過年的重大節日，該公司居然如同正常運營的狀態，我忍不住好奇的問張繼立總裁，是否華為在這些重大假日也是如此呢？他肯定地回答：「是的，華為的假日，公司幾乎都是人人在加班。」我不禁感到十分汗顏，在臺灣企業，這樣的場景並不多見。

很多人都會好奇，到底華為成功的關鍵與基因是什麼？張繼立總裁談道：「**華為的管理模式基本是照著歐美大公司的作法搬過來用的，採用 IBM 的顧問與系統，並沒有特別的突出之處，但背後的心法哲學是深厚的東方哲思，那個才是華為真正的精髓。**」所以「狼性文化」也是真正推動華為的成功基石，如果沒有這個文化，方法照搬到哪一家企業都未必能成功。可見華為的文化內功，成為華為外功最重要的底子。

在講述「狼性文化管理」前，必須先正名一下這個詞的出處典故，讓大家了解本書的核心概念，分辨什麼才是被市場扭曲的，什麼才是真正的「狼性管理」。

其實光一個「狼性管理」不足以涵蓋華為的奮戰歷史，只能說是大家最方便從表面去認識它的一個入口。而為眾人所周知的「狼性文化」其實在內涵中有三個很重要的含義：一、敏銳的嗅覺，二、不屈不撓的進攻精神，三、團隊協

作，這三個才是華為對於狼性的真正含義與定義。

　　張繼立總裁解釋——關於這個詞的典故，要回到 1994 年的華為，那時華為才第一次有提到「狼」之說，如同「基本法」並非創業就有的，華為是在一邊戰鬥中，不斷省思、淬煉與總結。狼性之說，是因為當時華為市場銷售部門要擴張發展，需要一批具有「狼性」的幹部，具有敏銳的嗅覺、不屈不撓、奮不顧身的進攻精神，同時又能團結合作的群體。所以當時華為市場部執行了一個「狼狽組織計劃」，主要是針對辦事處組織所建設，強調組織的進攻性（狼）與管理性（狽）互為協作。這個計畫的名字正是從狼與狽的生理行為歸納創造出來的，所以大家光理解「狼文化」，很可能會曲解狼性文化，而完全忽略了「狼狽的合作精神」。

　　這個文化在 1997 年被拓展至產品研發部門，他們把目標瞄準當時世界上最強的競爭對手，希望不斷靠攏並超越他們，力求生存下去。所以華為公司在研發與市場系統上建立了一個適應「狼」生存發展的組織和機制。

　　建立這個機制的目的是吸引與培養大量具有強烈求勝欲的進攻型、擴張型幹部人才，激勵他們像「狼」一樣嗅覺敏銳，團結作戰，不顧一切地捕捉市場機會。於此同時也培養出一批善統籌、會建立綜合管理平臺的狽，以支持狼的進攻，把公司人才二分形成一個狼狽合作關係。（狽在進攻時與狼形成一體，只是這時狽用前腿抱住狼的腰，用後腿蹬地，推狼前進。）

後來再把這樣的文化逐步拓展到所有部門，於是華為把進攻性部門稱為狼性部門，支撐性部門稱為狽類組織。希望有狼性的拓展之外，同時運用狽的聰明、策劃以及很細心的特性，讓它成為進軍市場的後方支援平臺，幫助前方做標案、網規和行政服務。這個化繁為簡的二分法，把公司的協作定義了一個簡單的合作關係。

因此「狼性文化」是華為把自己經營發展歷史上的成功經驗萃取後，用「狼」來作象徵比喻，真正的來源是因為先有了文化特質，再有「狼性文化」的總結，所以，並非一開始就有這個「狼性文化」之說，只是現在我們談「狼性管理」，就要能夠理解這是概括了全體，而這四個字，只是概略之說。

如何運行落實這個文化體系

「人性」是管理提升上最大的阻礙，因為管理是死的，人性卻是活的，要讓一個死的東西，去抓住一個活的東西，而且要讓他持續活性生長，那肯定是困難的。因為死的東西不能一變再變，但活的東西總是反覆無常，要讓一個企業的文化活起來，就必須如同種樹一樣，不斷的持續架杆，而不是設計成網子來約束監視，在持續架杆的同時，也必須修正杆，直到它自然挺立的生長，所以，制度是要活化狼性的。

　　這個道理看似通俗簡單，但是操作起來卻要有宏觀長遠的視野，甚至要有超常的鐵腕與意志，因為人性總是比法治更為複雜刁鑽。一個企業在初期創業的時候，什麼都沒有，有的多是熱情和動力。但是成長到一定的規模時，公司有了更多的收益，員工福利也會提升，功利、怠惰和政治就會開始蔓延；這時管理機制如果沒有更新，過去的管理漸漸的就會不適用，然後就會因為公司內集結各種小群體和政治文化，安逸在舒適圈，內部開始變得表面很和諧，但競爭和效率開始失去，最後變成僵化死氣沉沉，部門牆就會門開始高築起來，過去的機制與理念勢必退化崩壞。

　　如果此時企業食古不化，沒有意識到危機，就會很快走向敗亡，因此運行一個活性的文化和機制，是至關重要的。任正非的無數次對內講話（他在這次中美貿易戰前，是既不上媒體，也不在公司以外的場合公開講話），都是在穩固華為的思想和文化。

　　華為替世界華人贏得全球偉大的成功，特別是在這次中美科技貿易戰之中，美國採取政治力操作，想要阻止中國進入到科技大國之列超越美國，華為居然能夠以一個企業之力從容地應對，並且早在 2012 年就做了這個龐大的戰備儲備，更突顯了這個企業背後的文化潛藏了多麼巨大的驚人力量與戰略。而這整個文化管理，可以說是狼性管理的最核心，其最關鍵之處當然是有賴於任正非的思想擘劃，但是他如何運行這個文化體系，是我們真正要效法學習的地方。

　　華為的文化並非一層不變，它在每一個時期都做出了更新反覆推演，不斷在市場上做出新的假設，然後驗證，汲取精華後再放入基本法與經營管理的典籍之中。也許隨著時間，基本法所闡述的表現方式有了變化，但本質卻很少變化，如同第二章所說，華為在整個基本法的展開，如同車輪一樣，與時俱進又不失其根本。

　　華為開展文化的方式是很剛柔並濟的，剛的地方是華為對於員工的品德、思想與操守，如同阿里巴巴一樣，都是由人力資源單位與同事間共同評價的，這個「品格」會是成為晉升與去留的關鍵，而績效則是其次。

　　柔的是，任正非很少對外發表聲明，很少對外談話，但是對於公司同仁，卻常發表談話，無論是激勵、告誡、宣導、送暖和教育，都是如此。這個做法並非強力的，也不是一種禁令，就是一種清新如雨的方法，點滴滋潤靜流在華為人心中。

　　誠如現代管理學之父彼得杜拉克（Peter Drucker）所言：「一家公司並不是由他的名字、章程與條例來定義的。」企業必須具備明確的使命與願景，才可能制定明確而現實的戰略目標。任正非扮演的角色，身兼一個覺悟者、教師、宗教家、佈道者、戰略家、企業家、踐行者與一個殉道者，不斷在思索與探索華為的思想與未來，他深知一切的現實成果都源於思想，對於這方面的著墨，可以說是日以繼夜常行不倦的。而華為的狼性管理基本上都是由基本法之中開展出來的

具體形象，後面的管理只是實踐這些思想的假設。

　　華為看得見的管理沿襲自西方體系，但是文化與手段，卻是很東方而且大膽的，為了實踐基本法中的假設，華為公司幾次大規模的辭退所有老員工，再讓他們以新人狀態入職重新作崗位競爭，敢於公然挑戰當時國家所頒布的勞動法，即便引起了政府和社會的高度檢視，任正非仍一意孤行力排眾議堅持執行，目的就是為了貫徹基本法中的原則，這種變革管理在華為的歷史中，是很多次的，而這些方式都頗有歷史上「變法」的影子。

　　華為為了追趕與西方百年來的差距，勇於不斷的進行內部批判與變革，甚至不惜違國家的法，因為華為必須以超快的速度趕上歐美，他思考的不是提供員工工作和幸福，而是提供一個平臺，一個戰場，讓鬥士們上去發揮，去享受、去挑戰、去戰鬥、去創造、去豐收、和榮耀，而不是讓員工一進入到公司可以安居樂業的準備養老退休。讓員工時時保持憂患意識的目的除了要追趕上歐美同業，更重要的，就是要永遠保持公司破釜沉舟的意志與戰力。

復盤檢討和自我批判

　　張繼立總裁在訪談中反覆提到，「**能夠使華為狼性文化不斷的上升，不是管理工具和方法論，而是對事情的態度與**

習慣。我們用的方法都是國際上大家都知道的事，華為只是把它確實融入實戰和習慣之中。」記得一次他與聯想集團高管的談話，談到一位聯想高管出的一本書《復盤》，也就是對於所發生的事件進行自我批判和檢視，對此他深感認同。

沒想到這位聯想高管卻語出驚人表示：「那都是給外面的人看的，事實上，聯想最缺乏的就是復盤，手機事業部不就做沒了（華為和聯想都在 2010 年戰略規劃中把移動終端作為了戰略方向，但 9 年過去後，華為成為了行業標竿，聯想手機卻做沒了。）」。由此可以知道，不同於高談闊論，華為對簡單的常識徹底落實，是如此的深刻到位。

華為為了貫徹文化，在管理上常附帶一些具體巧思，例如在復盤上，每個項目結束，要拿獎金前，同仁都必須提交「復盤總結報告」，為什麼呢？華為認為，經驗的浪費，就是最大浪費。

曾經有記者問任正非，華為是如何成功的，任正非回答道：「經過九死一生活下來的，才是成功，所以華為沒有成功，只是在成長而已。」因此每件事要做得更好，華為認為自我的批判非常重要，經驗的反覆運作更是必須不斷更新記取。

記得在首屆「藍血十傑」的優秀員工表彰大會，記者熱情的訪問任正非，對於今天頒獎的感想，他居然回答說「我今天是來批判藍血十傑的」，從此可以窺見，華為是真正的在落實「復盤」文化，即使在這麼一個重大的慶功與表彰大

會，任正非認為對於成功沒有驕傲的理由和時刻，華為必須居安思危的永遠保持隨時自我批判。

「自我批判」這是先於「變革管理」的基石，好像小齒輪推動大車輪一樣，諸如此類的案例在華為的書籍中，都有大量記載，建議若想知道更多，可以研讀更多華為的故事，或者有機會聽聽張總裁的演講，親身的解說（華為出來的幹部，張總裁的課在業界每堂都很經典），他們在最前線是如何不斷進行自我批判與檢討，讀者也就可以在每一段華為真實的生活與實戰中發現，華為如何具體落實這些「簡單管理與商業常識」。

文化是價值的主張與引導，更是行為與成果的起因。臺灣企業由於環境與發展，多是超過 20 年以上，很多都遠離這個激情狀態，牆上的文化與經營理念，由於環境時代的變遷，很可能已經不在員工血液中，甚至隨著企業等著接班之後反而怠惰消極。

反觀華為在基本法的制定之時，任正非就曾說道：「也許華為基本法誕生的一天，已經完成了它的歷史使命。」因為基本法很可能已經流淌沉澱在華為人的血脈之中，所以基本法不是被揚棄了，而是在頒布後，又再一次的被超越了。這兩種情況，對比兩岸的企業，是一種經營理念和哲學上的差距，更是一種警示。

華為的所有管理與戰略，都是依據基本法而具象，不斷的在實踐其中的假設，然後做更大更遠的假設，再去勇敢實

踐它，不斷積累在華為人心中。過去華為幾乎找不到案例，找不到學習榜樣，他們就運用這樣的思想邏輯與引導，不斷的在市場激流中「摸著石頭過河」。

這種自我批判與不斷復盤總結的習慣，在其中起到非常關鍵的「照明」作用，讓華為人有不斷更新、挑戰的精神與行動，而且從任正非到新人都力行著這個習慣和傳統。因此，華為即使堅守一個通信行業，也一直還沒到天花板，甚至不斷在創造天花板的新高度，如果不是威脅到美國，我們甚至不知道華為在推出 5G 服務後，早就緊接著研究 6G 了，甚至能夠大方地開放這套技術。

反觀現在兩岸大多的企業，都曾一股風潮的作內部文化建設，但不久之後都變成荒煙蔓草中的一張告示牌，既沒有實踐，也不敢檢視，更可能成了一種歷史反諷，著實讓人扎心，因為這樣浪費的資源也包括了時間和決心，錯過的是無數的賽場和機會。

「哲學」是一種生命的態度實踐，為什麼而活？為什麼而戰？什麼是光榮的？犧牲的價值在哪？這是華為文化中不斷強調的。反觀臺灣社會，隨著民粹的思潮，我們逐漸忘記了過去共同奮戰臺灣錢淹腳目的時代，不僅企業和國人，臺灣社會大多都還醉臥在懷念過去與夜郎自大的夢境中，渾然不知道國際科技競爭力有了嚴重的落後，如果企業還不能尋求自主文化價值觀的建設，那也難逃人才與市場的困境。

所以，我們應當喚醒周遭的人，一起讓臺灣醒過來，

動起來，邁開來，這樣臺灣的產業才會更有競爭力，臺灣的經濟才有真正根基。要知道再好的戰略與投資，沒有好的人才，沒有戰鬥的意識，都可能是空談，就連國家建設和投資都可能是。一個國家能不能強，也是看文化就知道，對於智者來說，都是可以「以小見大、見微知著」的。

　　所以，企業要振興，要重塑文化，變革在心，不妨就讓我們練習企業中的「自我批判」開始吧！

第 4 章

頂層設計：
好的開始就是成功了一半

大陸企業都在學習的新型熱門頂層設計

自從中國大陸在國家「十二五」會議[1]規劃中,首次運用工程學的字眼,提出一個「頂層設計」的概念後,中國大陸的企業界,都在熱烈討論與學習這個「新」名詞。

「頂層設計」最早源於工程學領域,這是一個系統理論的概念,說明在建造一棟大樓之前,所有設計人員、施工單位與業主,要對整個系統的規劃、圖紙進行完整設計與溝通,以便設計單位做到確實把每個細節列入考量,並放在施工圖紙及指導要件當中。

任何建築一旦發現問題要進行往前的整改,就是一件非常勞民傷財的事,拖慢進度和延誤完工不說,還很可能會產生巨大的財務損失。因此,如果沒有這些精密的設計過程,很可能就會在收尾之前不斷發現缺陷與問題,完工後也可能產生倒塌或漏水等嚴重後果,即便大樓已經啟用,也不能放心使用,最後結果輕則白忙一場,重則可能衍生出更多危機。

透過這個論點的提出,中國大陸企業界普遍了解到「頂層設計」對企業尤為重要,所以一時間各個領域都在談論,

---

1 中國是從 1953 年開始,以五年一個時間段來做國家的中短期規劃,第一個「五年計劃」,簡稱為「一五」,然後以此類推。「十二五」規劃的全稱是:中華人民共和國國民經濟和社會發展第十二個五年規劃綱要。

該怎麼學習運用「頂層設計」的思維，以下用更為具象簡單的方式來為大家說明。

在過去，很多企業管理層面都是屬於「點」的觀念，往往容易「挖東牆補西牆」，哪裡出現問題，就把管理資源和注意力放到哪裡。只有少數的企業有了「線」和「面」的流程管控，而頂層設計更是提出了「整體」的概念，即是統籌企業經營的各層次和各要素，並且統覽全域、追根溯源，並且站在**最頂端的制高點上，設計未來的戰略與問題解決之道。**

但是由於「頂層設計」這個理論出來的時間較短，熟悉的人也不多，一時間市場上百家爭鳴，很多人都在炒作這個概念和議題，整個業界熱火朝天，變成了管理與企業界最高的學習指標，但卻沒有一個能夠清楚應用在企業的定義與實施要法。特別是透過華為這次的事件，更讓大家意識到這個設計的重要，因為在中美貿易戰中，更能清晰看見頂層設計穩固了華為。只不過目前在全世界，能夠說清楚這個模式、定義清楚管理學的人屈指可數，仍處於一種概念階段，在百家爭鳴中各有領悟。現在業界公推做得最好的就是華為，因此藉由這個案例一窺頂層設計的大概輪廓，了解他們在管理學沒有這個名詞前，是如何摸索、如何進行以及完成此設計工作。

華為如何有機融合各個系統

張繼立總裁說:「**早年華為其實沒有這麼專業和系統。我們就是首先梳理基本假設是否正確,底層邏輯是否符合人性、商業和環境。然後再梳理我們的願景和使命,大家是否具有共識與認同,以及跟我們的優勢結合。接著再考慮如何瞄準目標,梳理我們的業務流與陣形,如此組織和管理機制自然就出來了。最後才考慮在獎懲與激勵措施層面如何解決獎勤罰懶,樹立導向的問題。**」

張繼立總裁隨後補充說明,後來華為在這個基礎上不斷反覆推演,逐漸建築出一個讓華為運作的 19 萬頭狼的系統,一個能夠連續 14 年業績百分百達成的完整模式。所以它可以說是動態的系統,讓核心更聚焦,市場反應更為敏銳快速。

用更為細緻的方式來說明,就是**以客戶為中心的,把戰略管理**(戰略、業務、組織、人才、變革)、**年度規劃**(市場規劃、客戶關係規劃、產品與解決方案規劃、年度預測與預算、組織與人才規劃、流程與 IT 規劃)、**執行與監控**(客戶關係、集成產品開發、平臺技術開發、運營管理、財務規劃、學習發展與人力規劃)、**業績與管理體系**(專案績效、團隊與組織績效、個人績效)**做好正面循環發展的閉環關係**,並且在公司變革與應變市場時,能夠保持良好的反應與機動性。另外再把重點內容加粗特別標示出來,括號裡的內

容字體是細則，可以想成樑，字體加粗的內容就是柱子，其他是屬於靈活的動態整合。

從上一段我們可以約略知道，頂層設計是一個從全域的角度，對各項任務、各方面、各層次、各要素統籌規劃，做好完整不洩漏、不耗能、不熵增的規劃，集中公司有效資源，高效快捷地實現組織目標。

從字面上來看，大家也不難發現，其實很多大型公司也有像這樣的管理原則，表面上也都是這樣執行，畢竟華為也是向歐美企業學習的，但是為什麼這些大公司產生不了這麼大的作用呢？

我們可以試著推論一下，中小企業在組織漸漸龐大的過程，需要不斷地面臨調整，而可能會出現領導危機、內部秩序危機、控制危機，加上管理層沒有整體運行的概念，過去也沒有適當的作強化提升，所以面對市場且戰且變，一直沒有一個機會好好的梳理整個系統，造成變動過程中消耗公司龐大的精神、注意力與資源，甚至多年原地打轉，不能長大。

而大型企業，各個部門及單位皆來自不同專業，有響亮的出身背景，很容易陷入派系的政治鬥爭。對內，品管部門重視品質，研發部門重視設計，生產部門重視生產順暢，財務部門重視帳目清楚，人資部門重視培訓，業務部門重視出貨等等。來自不同領域的人，彼此有著不同的立場和觀念，看重的是以自己的角度為出發點作優先考量，很容易本位思

考，只著重自己的工作與績效指標，其他都是次要的。

每個部門都有各自的顧慮，導致領導者無法權衡利弊，而找不到一個整體的統合概念來平衡各部門，因此，公司內部長期處於一種互相牽制的關係，辦公室政治就此在全公司蔓延開來，關鍵時刻自是不免保護自己，推卸責任。這是所有公司的負循環弊病，即便是西方的大公司也難逃人性的必然命運發展。為了避免公司陷入此種狀況，華為對此著力甚深。

綜觀很多企業發生的種種問題，歸咎其根源往往都能發現，是因為在每次變革前，沒有通盤設計完善的管理關係，以致問題從盲區環節中不斷產生，而讓法治不斷退回到人治。倘若一開始頂層的規則設計細緻，許多問題自然會迎刃而解，不會在過程中產生太多爭議與耗能。

華為深知這個問題，所以多錄用如同白紙的大學畢業生，力行以客戶為中心，以實戰功效來論成績，把指揮所定在最前線，用倒三角的管理模式，不談玄弄虛，以狼狽合作之勢齊心合力，化零為整利出一孔，共同在艱苦中不斷往市場奮戰。

在整個系統作戰過程中，華為有基本法支持文化和價值，有10年的戰略規劃和投資，有跨部門但價值觀相合的同仁，有不同地域卻同樣目標的夥伴，有來自四方卻團結一心的戰友。如此一來，在細節上華為有很多文化、習慣和行為作為底蘊，可幫助公司更加落實目標戰略與頂層設計，而

不是陷入管理上最可怕的派系主義，能更快整合出一套有機
正面循環壯大的系統。

　　也因為這套管理系統，華為人才輩出，各個奮勇而上，
把一項項目標逐步拿下，挑戰一次又一次的高峰。再者，這
間公司還灌輸華為人如軍人般不怕死、不怕難、重榮譽和肯
犧牲的文化血液，藉由這一種強調「形而上」主動式提升思
維的自我管理，而不是「形而下」被動式牽制約束性的監督
管理，文化建設出超凡的成果，華為的效率當然能勝過其他
的對手，所以美國不得不率先圍堵它，以防他們把那些歐美
企業更遠遠的甩在其後。事實上，華為不是追趕歐美，在技
術和市占率甚至已經是領先歐美了。

　　這種同時以態度精神和實戰功績來決定戰功的公司，揚
棄了過去以職位和資歷輩份的權力行使方式，可以確保華為
避免過度內耗，以宏觀的視野和實戰目標來整合平衡人性，
華為也可以更有彈性的融合每個管理體系，而不會囫圇吞棗
的執行空泛管理理論，在有效且總體的戰略與執行中，支持
華為不斷創造業界奇蹟。

如何進行頂層設計的落實

　　因為這個奇蹟，現在中國大陸成功的企業界也愈來愈注
重頂層設計，以避免管理上出現過去眾多的種種內耗危機，

對於未來更期望能做出前瞻性、系統性與體系化的戰略規劃。

如果想要實行這個頂層設計，企業千萬必須注意「動態平衡與保持彈性」。頂層設計是系統動力學的延伸概念，絕非是一個固定狀態，系統動力不是規範，而是要產生源源不絕的動力。企業在不同的成長階段會產生不同的危機，尤其中小型企業實處於不斷成長、市場不停變動之中，對未來趨勢的應對千萬不可墨守成規，頂層設計更重要的是把文化、戰略和目標整合，確立無形的根本，讓有形的每個環節一起互相拉動，持續成長，而不是作為互相監督、牽制和制衡的機制。

以下是依據華為經驗萃取出來，建議實施的七個階段，提供作為參考：第一、清楚頂層設計目標；第二、梳理戰略目標；第三、界定頂層設計範圍；第四、掌握設計準則；第五、設計權責和組織；第六、避免設計過度；第七、設計管控檢討機制。

第一、清楚頂層設計目標

首先建立頂層設計的框架，讓所有股東與經營層，充分溝通達成一致經營方向理念，確立深度扎根的產業共識，並且延伸出鼓舞人心的發展願景和使命，讓所有人都能以實現願景目標為榮，並且制定出讓所有人雄心勃勃的發展計劃。

再者，釐清重要利益關係人的界線與授權，讓最重要的

股東、董事會和高層管理人員之間清楚劃分權力、授權、責任、資源、利益，俾使所有人能一起邁向共同目標，共同實現理想之結果，並讓前線管理隊伍有高效的決策體系，能夠充分應變市場的各種狀況。

這樣的溝通是最重要也是最應該先確立的，因為任何的頂層在位者，最容易破壞頂層設計，一旦這個頂層設計被破壞了，基本上就是前功盡棄，公司馬上又會陷入派系鬥爭的內耗。所以，大夥坐下來確立這個目標與結構，是所有利益關係人，必須最先面對的課題。

很多公司注重「有形」大過「無形」，事實上，真正不變的應該是「無形」的內涵，「有形」的戰術則是要不斷的變動。但是大多數企業因為管理水準仍維持在工業製造 1.0 的觀念，易把過去工業時代的觀念牢牢扎根在心裡，而認為「有形」的不該輕易更動，如同法律一樣。很多公司常常從「無形」的口號和宣導上去做無用之功，把思想和價值圍繞在有形的固定流程上。事實上，華為的頂層邏輯剛好相反，其實都是從很多歷史和傳記借鏡出來。

第二、梳理戰略目標

戰略梳理就是展望未來，為未來 5 年乃至於 10 年做準備，可以作為每一次經營升級的起點與節點，可供組織進行每個階段的審視，確保公司持續不斷向前提升變化，並且由群體一起梳理戰略，能讓領導幹部們共同聚焦經營態勢，各

級領導關注業務前景，對於經營活動嚴謹分析，以競爭形勢分析為基礎，以外部因素變化作考量，設定各級的協同作戰計畫與經營目標。

在戰略目標設計上，華為關注的是從未來來倒推安排布局眼前的工作，在充份了解客戶和市場後，建立後續要實現的願景目標計劃，並且徹底審視現今的經營管理狀況與方法，並且定下組織的運作與決策形態，以確保未來不會在作戰過程中，派系主義又讓公司變成多頭馬車。

其實臺灣不少企業近乎是一言堂，老闆說話，大家的意見大都是「沒意見」，但是在會後又眾說紛紜，老實說，這是非常令人擔憂的，因為這樣的公司就算有執行力，創新能力肯定還是不足的，5 年內可能還能倖存在這市場上，放遠20 年來看，缺乏創造力的公司，只能將就走向白牌產品和代工思維路線，對於邁向品牌化，一定是動能不足的，在勞工權利意識逐漸抬頭下，必然會遇到勞動力不足和全球市場扁平的問題。現今立足於世界的品牌之中，臺灣的產品品牌為數並不多，知名度也不大，而且逐年減少，就是因為我們的組織和戰略，在中國大陸崛起後，對比起來是嚴重缺乏良性發展與競爭的思路。

第三、界定頂層設計範圍

再進一步要對公司內部的**經營管理體系、組織結構、動力機制、利益機制、流程和管控系統**做設計，以確保整個體

系是支援作戰方針和戰略目標，不會有前後左右的牽制。這是為了創造客戶價值和充分發揮公司職能之間協同效應的程式，能讓公司對於市場做出最快、最有利的競爭行為。

特別要注意的是，一般制定到這個階段，很容易使各部門的主管導向怎麼創造自身部門的效益，如何卡控[1]督察流程防範弊端，但華為思考的反而是怎麼達到目的，而不是怎麼制定出平衡公平民主的體系。華為主張，有對的人作支撐，彼此處在共同利益，而可以減除部門之間在各自利益上思考。

第四、掌握設計準則

第四步檢視設計，可以從六個維度去檢視，充分掌握六個原則。

第一、務求對人性充分把握，不會反過來被鑽漏洞或產生養老心態，可以不斷鼓動員工積極向前，不管是榮譽、歸屬、價值和物質。

第二、對商業本質的把握，不會失去商業的基本價值，盲目地追求眼前利益，變成了機會主義。

第三、對組織狀態的把握，能否有足夠的人力素質去完成，避免過度期待，而脫離現實過度擴大戰線。

第四、對外部環境的把握，對市場、政策與對手充分研

1　卡控，由本人或他人利用無線通訊設備或於現場進行指導或稽核。

究，避免閉門造車，脫離了市場與客戶需求。

第五、對商業成功的渴望，是否讓員工充分感受到真正事業成功，是與公司共同打下市場江山的，讓同仁從被動工作思維，換成主動的事業成就思維。

第六、對自身欲望的管理，檢視所有人（包括股東與老闆）的欲望是否合度，是否過份誇張。

再來，檢視是否放進「啟動」的活性因數。

第一、檢視是否堅守價值與原則，讓價值大於規定，讓貢獻大於制度。第二、是否保持開放，不會固步自封，不會夜郎自大。第三、檢視是否保持彈性，不會產生僵化對立。第四、檢視是否實用有用，不會空談誤事，過度理想化不切實際。第五、檢視是否可以實踐檢驗，一切無法實踐，無法最後落實作檢驗的，都很可能是一種空談，這種作為充斥公司，無益於公司成長。第六、檢視是否執行落地，一切不談到執行，不確切怎麼執行的，都是空中樓閣，頂層設計必須注意到這個基礎建設，把第一線的數字和工作，回歸到整個系統。

做好一個系統，一定是千錘百鍊的，並非可以全然照抄模仿，在討論好系統後，一定要用這些視角去隨時檢視。

第五、設計組織、權責和流程

組織設計、組織結構是為了實現目標，而對資源進行一種系統性安排，不同的組織運作的形態，好比戰場上的行

軍、編隊與佈陣，可以決定反應的效率。一般來說，市場是不斷變動的，組織設計應該要常常進行變化和輪動，但是實際上確實能做到的企業並不多，然組織一旦僵化，就是企業效能減少的徵兆。

　　組織結構常見的分類，主要有職能式結構、事業部式結構、區域式結構和矩陣式結構四種類型。新式的組織編制則有扁平式、倒三角和思維導圖式，後面三種對於機動性和積極性都較有很大幫助。

　　流程設計，是將執行任務中各個部門成員崗位職責與內容放在一起分析，確定任務的先後順序和每個窗口的角色順暢分工，讓每個成員充分了解其上下游崗位的工作與工作目標，全員參與執行的意願會更高，協議共識愈一致，執行力度愈強，因此流程也可以說是一種多邊協議。

　　好的流程可以提高產品與服務品質，減少業務流程所耗費的時間，提高運行效率，降低運作成本，並且做到降低風險。但切記，流程設計務必要以客戶為中心進行開展，注重過程的效率和團隊協作，加速目標的完成，每一個崗位在進行流程時，有必然的執行責任與檢核之責，但仍以目標為主。卡控的位置和環節，變成從旁檢視督察流程，在重要關鍵點進行審核即可。不少企業因為過去發生過流程與協作問題，很容易因噎廢食，每次產生問題，卡控更多，管理過度，而造成效率大幅下降。

第六、避免設計過度

　　經過大方向的框架設定後，必須檢視這個系統設計，是否會淪為虛設或僵化，所以用五個檢視點來檢視。

　　第一、是否會扼殺組織底層創新，讓活力只屬於少數人。第二、是否產生僵化教條，使組織變得緩慢，變成一隻作繭自縛的緩慢大象。第三、是否會形成英雄主義和派別，把各個部門變成分割的戰國時代。第四、是否安於現狀喪失機會，企業應該把資源放在獎勵機制，而非福利和公平機制上，讓競爭公平，而不是讓工作公平。第五、檢視是否過度理想和形而上，不能落地，不能實踐，不能檢視，使員工都做虛的表面功夫，而無法產生「實質」效果。

第七、設計管控檢討機制

　　最後，為了確保公司經營安全，規避風險，還要進行內部控制模式的補強，特別是在檢討報告上和報表上必須清晰檢討。一般來說，建議用三種管控模式來輔助進行調控，分別是：財務、數字與運營管控模式、戰略管控模式和流程管控模式。

■ **財務、數字與運營管控**：對於每個單位的產出，特別是盈利和成本收支清晰，能做到讓每一個單位確實了解自己的績效狀況。京瓷阿米巴管理針對這部份的落實可以作為標竿，把每一個單位的財務和數字做好系統監控，就能在管理功能方面發揮到極致。

- **流程把控**：這個是非常關注勞動作業效率的模式。從市場戰鬥業務單位延伸到後端的生產、品質、後勤保固和行政支援，實行豐田式管理的流程把控，確保單位輸出輸入的效率與品質，使上下游單位環扣緊密的連結起來。
- **戰略管控**：企業戰略實施與經營計劃檢查。由於資源是有限的，所以如何優化與合理配置，必須依據戰略進行有計畫的控制和管理。
- **權責體系設計**：是依據整體戰略組織後附加的，也就是說它可以是變動的。由於大部分管理幹部在權責發生變化時，情緒起伏很大，因此企業必須一開始就建立內部正確的價值觀，言明依據戰略而產生變化，權利與責任是同時的，戰功愈大，責任、權利和利益愈大。而權責劃分不是審批程式，它是經營與管理活動中的開展規則，涵蓋面很廣泛，不僅是權利，也包含了責任、義務。劃分權責的目的是透過角色的界定建立清楚的管理秩序，以提高執行效率。

　　一般來說，企業的權責共有六種型態：「提報、審核、批准、監督、執行、知情」，如果在上述的三種管控模式裡，企業能做好清晰的辨識，讓前四者權責的比例下降，後兩者的部分上升，那麼這家企業的管理效率將會大大提高；反之，就會效率降低。而其中可以減少檢核的關鍵還是在文化建設上，也就是說，一個沒有文化共識的公司，在管理成本上一定無法降低。

　　以上七個步驟，如果前後顛倒，很可能就會顧此失彼而造成重工（Rework），所以採以「無形」建立根本，然後漸漸具體到「有形」，中間輔以檢視，確立方向與穩固。相信做好以上七個步驟，這個企業的頂層設計就算是有了一個堅實基礎，好比有一個良好的屋頂和鋼樑，即使市場風雨飄搖地震頻發，也能有良好的防禦和持續運作的能力。

第 5 章

經營管理：

經營與管理動態共舞雙平衡

華為除了在「狼、狽」的組織關係裡有協作關係，在管理與經營上，同時也注意兩者動態平衡，在經營管理上的韜略，更是底蘊深厚。本章將圍繞華為公司對於戰略經營與管理，經由這個主題來開展，讓大家更加了解華為的經營戰略特色。

活下去的戰略

任正非曾說：「**華為眼前最重要的不是成本高低的問題，而是能否捉住戰略機會的問題。抓住了戰略機會，華為花多少錢都是勝利，抓不住戰略機會，不花錢也是死亡，節約是節約不出華為公司的。**」這是華為的「壓強原則」，靠攏市場的最強對手，不斷投入，甚至超過對手數倍。

任正非說華為公司的戰略關鍵就是不斷思考「活下去」這幾個字，這也是在市場上經過無數戰役而提取出來最重要的核心精神，所有戰略都是依著必須不斷的「活下去」而思考的。因為這個戰略原則，所以華為成本中有很多比重都是投注於戰略、市場和研發，也由於極高的比例是集中在市場的「戰爭」上，所以華為公司堅守沒有上市的策略，因為如果要邁向上市，股東、資本和財務報表將會掐死華為，華為就不能作出長遠的戰略投入，這是任正非常常提到的關鍵。

以下選用任正非關於經營戰略上的談話，可以從中窺

見《孫子兵法》軍爭篇的一些影子，日本戰國時代名武將武田信玄亦使用在其軍旗上，「**其疾如風，其徐如林，侵掠如火，不動如山，難知如陰，動如雷震**」。

　　窺探華為的經營與戰略管理文獻，多是記錄任正非的講話與文稿，不過大部分的著作只是做一個解讀和說明，其實仔細研讀原文前後的摘錄，就會發現常有相左，因為所處的時空背景不同，每次的講話當下與對象亦不一樣。不過都不會脫離這個範疇，為什麼呢？在任正非眼中，華為從國內市場的夾縫生長出來後，一直要面對的都是正面迎戰國際的百年巨頭，如果只是當一門生意來說，這生意並不好作，勢必要當作一場長征，不斷的艱苦奮戰。由此可知，接下來引用的戰略講話，不難發現很多這種所謂「軍爭」的思想。

　　任正非曾說：「**我們在市場中，要逐步學會搶占戰略高地，採取從上而下輻射的市場策略。當然，我們得有相當高的產品及服務，才有高地之說。同時擁有質量好、成本低的中低端產品，包圍占領山腳，就形不成規模利潤。**」這段話從開始到現在，6 年過去了，華為充份應證了這個戰術的成功，甚至可以說，為了達到這個目的，華為其實深蹲 10 年以上。一般企業的戰略礙於市場財報績效反應，不能輕易投資一個長遠戰術，但是華為能運用一個不上市的戰術，充分打好一個長遠戰略，這是很多企業力求利潤與規模，所沒有考慮到的。

抓住產業調整期奠定長期市場格局

「當公司決定在某一戰略方向發展時，要再相背的方向，對外進行風險投資，以便在自己的主選擇是錯的時候，迎回時間。在模糊的情況下必須多條戰線作戰，當市場明確清晰時立即將投資重心轉到主線上去。」這是任正非的決策思維高度。

華為的戰略部署隨著時間壯大，採取了更多元的發展，當我們才剛剛認識手機時，華為已經把網路硬體發展穩定順利；當我們才知道 5G 準備開展時，華為已經對於雲端和大數據完成部署；當我們才接觸 AI 和物聯網，華為已經在搶 6G 的制高點。華為認準一個產業，就聚焦這個產業的相關，並在周邊布局不斷進行深耕，讓全球少不了華為，即便美國對於華為進行實體名單的打壓，但其專利申請量已經是世界第一，大大阻撓了美國研究與發展進程。

「不要盲目做大，盲目鋪開，要聚焦在少量有價值的客戶，少量有競爭力的產品上，企業業務不需要追求立刻做大做強，還要做扎實，賺到錢，誰活到最後，誰活得最好。」任正非說。

還記得訪問張繼立總裁時，他談道：「過去華為是積極參與到每一個國家、客戶與標案中，而現在，如果在公開標案中，沒有華為是無法順利進行的，客戶都想看看華為能夠提供什麼。」放眼全球，現在能做到這樣的世界級企業並不

多，任正非深耕通信市場，數十年磨一劍，就是要讓華為擠身進入世界殿堂。

敢於彎道超車

「要在世界競爭格局處與轉折點的時候，敢於『彎道超車』。大家看 F1 比賽，賽車在直線跑道從來沒有超車，因為超不了！在直線上大家都是拚命加速，你怎麼超得了呢？在成熟品牌的同業當中，其實已具有幾十年的管理累積，品牌累積，客戶信任累積，在發展形勢一片大好時，他們一加速就跑得遠遠的，我們超不了，在彎道的時候，一個判斷失誤，可能就掉到後面去了，因為彎道多迷惑、多猶豫。

綜觀這世代，電子產品像夏天的西瓜一樣過剩，西瓜太多了，價格就會低到一個不可思議的地步，誰都不清楚未來這些產品能否恢復盈利。所以我們只要把握自己的優勢，敢於在彎道上加大投入，就有可能在某方面超越對手。電信行業已處在一個技術轉型、網路轉型、業務轉型以及商業模式轉型的彎道。」

可見任正非的見地如此透徹！其實任正非是一個過去長年患有憂鬱症的人，居安思危的他，即便已經擠身世界百強，仍常常揣揣不安。但是面對通信市場，他仍大膽假設、小心求證，時時刻刻都思考著華為的將來。

據了解，華為每年投入到研發的經費是世界最高的，申請專利的數量也是最多的，為什麼在市場下行時，華為卻能年年保持將營收的一成投入到研發呢？因為任正非始終保持**「在市場下滑時加大投入，才有可能在市場重新恢復到正常狀態的時候有所發展，反週期成長就是經濟大形勢下滑時，我們更應該加速成長。」**這個經營思考得益於他不斷學習與苦思，把華為的功底反覆磨練。

他深知**「機會牽引人才，人才牽引技術，技術牽引產品，產品牽引更多更大的機會，所以華為常常要做長遠的規劃，要冒險和創新，不只在現在活下去，未來也要，在國際市場更是，所以就必須更大膽的服務好客戶，不只現在，更要考慮的長遠，既要同時對無線產品，以及其他無線配套產品的開發，在清晰長遠目標的思路的條件下，敢於抓住機會窗開窗的一瞬間，贏取利潤，以支持未來長線產品的生存發展。」**任正非說。

有不少研發總部設立在臺灣的大型企業大多已具備成熟的技術，當中也不缺乏世界知名品牌，但是因為內需市場規模較小，實際上中小企業才是占據臺灣多數。華為也曾是擠身於中國通信市場千百家中的一個，但是，燕雀安知鴻鵠之志，任正非作為一個負有國族使命的企業家，不斷在每一個彎道超車，一直到追趕上國際巨頭，這一匹出身羸弱的小馬，如何在賽道上堅持走到今天，實在很值得眾多企業借鏡。

臺灣很小，企業要走向國際一定要大步跨出去，在國際的市場與對手競賽，是成長放大的必然道路。華為亦然，任正非十分明白，井底之蛙的固守中國市場一定是不行的，「活下去」是華為的基本戰略；而「國際化」就是後來隨之必然的一種謀略，因為要趕上歐美的巨頭，這是需要不斷地持續加大投入，也許不會一帆風順，但只要他們永遠保持「壓強原則」，也許有一天，出頭的那一天就能提早到來。

戰略部署其他市場

華為不會因為一味追求「高大尚」，而放棄低端市場。華為的戰略觀，涵蓋了整個通信戰場。

「我們的產品結構是個金字塔，底層網是戰略金字塔結構的基礎，我們既然想要在高層網上獲得勝利，低層網上即使沒有利潤，我們也要幹，就是為節制競爭對手的全面進入，低端產品的高質量、低成本不是退縮，而是調整主攻方向。中低端產品一定要保證高質量、低成本，要把山口山腰圍起來形成規模市場，而且質量要做到終生不維修。」

大家或許都已知道蘋果每年的新機發表，個個皆是經典，除了價格為業界最高，粉絲追捧也多，幾乎贏得了過去手機市場的大部分利潤。但是華為運用蠶食鯨吞，多面的包圍蘋果，乃至於整個手機市場，形成了市場規模，擠壓了對

手進攻。這一個戰略，往往不是一般美國上市公司能輕易做到的，不賺錢的為什麼要做，而且要賣力做到最好？反而要從一個戰略層面去思考，華為這是充分利用到不上市的優勢，把市場當作戰場來思考。

可能有人會認為，也許這是任正非想完全擁有華為公司，若是如此，那在每年的富比士富豪榜為何不見任正非呢？不上市是為了華為，讓華為能徹底運用追趕的精神和優勢。任正非將自己擁有的華為股份比例降到只占 1.4％，而98.6％則是分配與員工共用。除此之外，採用分潤的獎勵方案來鼓勵員工，激發員工在工作上能有源源不絕的動力。

曾有人曾訪問一家中國大陸公司老闆，如何能在 20 年擠身世界百強，他回答到，「我們實際上用了 40 年，因為我的員工每天都工作 16 小時」。這個故事同時也發生在華為，華為能夠做到快速追趕，也在於他們的員工效率與成本上比起歐美企業更有競爭力，所以，華為的戰略部署，能夠如此的快，套句任正非的話，**「華為沒有人才的問題，人才實在是太多了。」**這是任正非厚積薄發的結果。

公司未來的生存發展靠的是管理進步

華為公司在決定進入全球賽場面對國際上的競爭，最先思考的就是如何在管理上也能迎頭趕上對手，但當時的中國

大陸企業多是「泥腿子」，對市場只能摸著石頭過河，對於
西方先進管理沒有很通透的了解。不過他們知道，要晉升成
國際企業，一定不能靠家族，也不能靠英雄色彩，特別是要
淡化領導者。只有管理職業化、流程化，才能真正提高一個
大公司的運作效率，降低管理內耗。

　　由此建立了許多華為特有的管理特徵，例如他們首先
設立了基本法，並且對組織進行改革，董事長和總裁的任用
都是採輪值的方式，而所有的崗位全是打破階級制度重新競
爭，他們認為所有產品都會過時，被淘汰掉，管理者也要更
新換代，而企業文化和管理體系則會是代代相傳。

　　任正非在打造華為的過程中，始終退而不休，他曾說：
**「人家問我怎麼一天到晚遊手好閒？我說我是管長江堤壩
的，長江不洪水就沒有我的事，長江洪水不太大，也沒有我
的事啊。我們都不願意有大洪水，但即使發了大洪水，我們
早就有預防大洪水的方案，所以也沒有我的事。」**事實上任
正非鴨子划水，雖然不去占據領導和行政職，但是沒有一刻
不在思考著華為的未來，一直是領航與擘劃華為的最重要設
計師。

　　有諸多臺灣的企業家在其公司組織內也多是扮演關鍵靈
魂的角色，但可惜的是，一旦從關鍵的領導位置退下來，整
個組織就好像沒有了靈魂，事實上華為致力於企業生命，而
不是企業家生命，企業之魂也不能是企業家，而落點永遠是
客戶需求和服務機制，客戶是永遠存在的，那這個魂就永遠

存在，看似簡單的概念，卻充分展現「以客戶為中心」的機制。

也許很多人會懷疑「以客戶為中心」不是商業基本常識嗎？但是，真正落實在這個機制上的企業並不多，因為華為同時「以奮鬥者為本」，絕對不讓有雷鋒精神（帶頭奉獻精神）的同仁吃虧。只不過現在很多的企業，雖有這個理想和口號，但是機制卻沒有跟著配合上來，依舊還是傳統的組織與權力結構，真正以客戶為中心的第一線員工，並不會被容易的看到且受到重視，沒有一個實質的晉升機制，反而是在權力結構中討好長官的朝廷政治，更能穩固幹部們的工作，而讓「以客戶為中心」，變成一種口號。

張繼立總裁說，華為把「以客戶為中心」這個理念確實在經營管理過程中落地。比如，**「把指揮所建到能聽到砲聲的一線，誰離客戶更近，誰的話語權就更大，流程也是由一線來發起。華為的經營是真正由客戶需求牽引，一線反壓中後臺，團隊是不斷提升改進的。」**

企業管理的目標
是從客戶端建立流程化組織建設

華為的前董事長孫亞芳曾對華為內部幹部說道：**「正反的經驗教訓反覆證明：當我們遵循客戶需求導向時，可以化**

危為機；但是當我們背離客戶需求時，局面就會轉機為危。以客戶需求為導向，是經過實踐檢驗的生存之魂。」

　　另外任正非也曾說：「**所有組織及工作的方向只要朝向客戶需求，就永遠不會迷航。以業務為主導，會計為監督，基於流程分配責任、權利以及資源，所有一切要符合未來作戰需要，組織為了作戰而存在，而不是作戰服從組織的，按照主幹流程構建公司的組織及管理系統，在組織與流程不一致時，改組組織以適應流程。**」

　　華為一直把商場當成戰場，從這個戰略思想不難發現，這就是一種陣型變化調頭的指令，把傳統公司的組織結構，變成了一個作戰迎戰陣形，以客戶為最高指導。

　　任正非也曾用舞龍譬喻這一個道理：「**業務端了解真正客戶的需求之後，應該成為公司的最高指揮機構，就像龍頭一樣不斷擺動，內部的企業組織應該是為了滿足客戶需求的流程化的組織，像龍身一樣，內部相互關係，無論如何都不會發生相對變化，追隨龍頭的搖擺，來滿足客戶需求。**」

　　這使得華為管理更為簡單、高效、成本低，按目標和流程來確定責任、權利以及角色設計，逐步淡化功能組織的權威。這代表著，不一定都要由上級來進行判斷，而是讓組織運作能有更多機會不依賴企業家個人的決策，企業家應該致力於去創造一種機制，讓機制反應得更快，服務客戶的更即時。

　　為什麼華為當時要積極建設流程？任正非認為：「**長江**

水因一種自然的規律而自然奔騰，如果華為公司發展的水流到哪個部門，都要部門領導去審查才能流動的話，必然會造成公司管理的低下。只有完成端到端的體系建設，才可以提高效率，降低成本，快速響應客戶。現在我們不是端到端全流程順利貫通，而是一段、一段的，在中間有不少腸阻塞、胃潰瘍，導致公司效率較低。而效率低是誰出的錢？是客戶。客戶不會允許我們這種現象再長期存在下去了。」

一個已經是世界百強的老闆對於公司內部仍然主動痛斥檢討，仍然帶頭自我批判，對於服務客戶依舊是精益求精，實在讓人感佩驚嘆。

要先富，先修路，打造數字化全連結企業

當然華為在從泥腿子土八路變身成世界百強時，並非沒遇到變革上的阻撓，也是曾經從上到下反對各種的變革，並且為此出走了不少人，但是任正非總是力排眾議，要大家一定先接受。「我們一定要真正理解人家上百年累積的經驗，一定要先搞明白人家的整體管理框架，為什麼是這樣的體系。剛剛知道一點點，就發表論議，其實就是干擾了向別人學習。」任正非堅定的說。

華為曾在 IPD 產品集成系統變革執行時，有個最為經典的故事。由於當時負面的聲音傳聞特別多，孫亞芳前董事長

在培訓上對於「IPD 100％推行」表示了公開嚴正的說法，**「變革最大困難在人，最大阻力也在人，這個人是在管理層，而不是在基層。如果管理層的聲音出現異樣了，說『哎呀，這樣到底行不行』、『在華為能不能推呀？』、『咱們別做了』，從管理者個人傳出來的這種負面聲音，就會像傳直銷一樣，在華為就傳遍了，所以管理層不能因為自己不理解或變革中遇到困難，就立刻讓這種害怕和懷疑往下傳遞。如果說對變革我們沒有理解到，我們就爭取多溝通去設法理解，不然就換人。」**

之後，任正非更是強力要求全體幹部執行流程變革必須做到「**削足適履，穿美國鞋，學不好就殺頭，就地正法！**」直接宣示華為變革絕不後退的決心。

一般企業的管理變革之所以容易失敗，其實原因很多，但大部分是對顧問公司寄予不切實際的期望，以為一變就靈。二是變革意志不堅定，急於看到成效，遇到一點挫折就搖擺，甚至懷疑。三是走修正主義道路，還沒來得及理解就隨意修改，或打發了事。任正非深知，如果一退，華為就與國際化失之交臂了，這一場仗，堅持得打，絕不能輸。

同時，任正非也在談話中對幹部提到：「**我們要用歐美磚來建一座萬里長城，但要算投入產出比，你們要講清楚投入多少，公司會減少了多少實際在崗編制。當然有些事只需要打 500 米，就不用買能打擊到 8,000 米的砲彈，沒有必要每個武器都追求最精最優。關鍵是我們能使用得好，能夠解**

決我們的問題才是我們最需要的；不一定是世界最好的，最先進的，但一定是最實用的。引進世界領先企業的先進管理體系，我們要先接受、先僵化，後優化、再固化。」

他用種種的提醒，來穩固大家對於變革的心態。其中裡面所說的「僵化」意指的是，要站在巨人的肩膀上就要先配合，讓流程先跑起來；「優化」則是在理解基礎上持續的自我批判來進行優化；「固化」則是進而將之例行化、規範化。透過這三個階段，把流程深入到每一個華為人的血液，也把變革的決心和習慣深入到華為人的心中。

數據是公司核心資產，
基於數據和事實進行科學管理

華為是一個非常業務導向的電子製造業，它同時扮演生產也同時具備自有品牌，服務延伸到最終端，所以在前線拓展的業務如同「狼類」，後端支援的團隊如同「狽類」，要怎麼做好管理監督與協助呢？

任正非要求——華為的管理哲學是「雲」，一定要下成「雨」才有用，「雨」一定要留到「溝」裡才能保證執行的準確度。雨就是公司的經營活動，有業務活動，也有財務活動；在「溝」的關鍵環節上，還有財務的監控活動，水要沿著溝流，還要保證速度和質量。

　　所以，華為對於數字與平臺要求精細化管理，就是要有計畫、有預算、有核算，各個指標數據都有據可依。華為在數據平臺的開發與集成上不遺餘力，不斷簡化又同時精準地掌握到各個數據，實現從客戶端的數據，到財務的數字直通的管理。

用互聯的方式打通全流程，
降低內外交易成本

　　任正非說：「公司不要炒作互聯網精神，應踏踏實實地夯實（意即打勞）基礎平臺，實現與客戶、與供應商的互聯路通，市場資訊系統實施共建共用，積極營造，人人都是系統建設者，人人都是系統獲益者，群策群力，充分調動市場部全體參與建設，要建立用戶資訊系統，要鋪天蓋地的散發資料，並讓產品的最新資料地毯式地轟炸並準確著陸，使新產品在短時間直接告知用戶。要分類歸納戰略用戶，對關鍵用戶進行長期虔誠的持之以恆的市場宣傳工作。」

　　華為在每一個環節不偏廢、不側重、不繁文、不草率，不斷平衡公司數據，讓速度不斷加快，管理成本不斷降低。就是這個文化，即使操作的是很多企業都在普遍使用的管理系統，但又能使用的如此卓越的原因。在這一條流程道上，所有華為人一起來改良，一起來共用，千錘百鍊出華人的管

理經典。

千錘百鍊造金剛

對於任正非的經營、管理與戰略，任何文字表達仍然如同滄海一粟。綜觀華為的管理，部部句句皆是經典，真的很值得現今的管理者去研讀及深思，即使在多年遍覽了數十萬字，猶僅能列舉其一些特點，要能精闢詳述其令人讚嘆的底蘊，實在不是輕易就能徹底說明。

細細回想起來，在華為的每一件戰績，都是任正非日夜思維，與華為人經過無數的百煉千錘才能造就出來，光是對於一個業務不厭其煩的談話與指導，數十年、千百次，從不同的角度視野，不同的體悟發現，不同的時局變化，不同的高度深度，不斷提出管理的反覆推演，絕非是一件案例、一個方法、一種結論所能涵蓋。所以筆者在取材之時，僅只能從數百句中擷取一二，心中感到十分遺憾，不能帶領大家窮盡全貌，內心不自覺的惶恐自責，因為如此，誠心建議讀者朋友，如果對於管理哲學方面已有濃厚興趣，非常建議大家可以持續追蹤華為的相關資訊與內容，來認識這個讓歐美震撼的華人企業是如何淬鍊出來，又是如何在驚濤駭浪中航行向前。

第 6 章

戰略目標與執行管理：
從「務虛」如何進化到「務實」

戰略要務實亦務虛

　　華為的執行力是中國大陸企業的標竿，也是很多企業望塵莫及，其中最為關鍵的是戰略如何被有效執行，因此本章更進一步解析華為的目標戰略管理。

　　很多人可能會想，每家公司都有經營的目標規劃，和華為公司的有什麼不同呢？其實在華為的眼中，商場亦如戰場，所以任正非的談話，充滿了戰場上的戰術戰略思想。從這次中美貿易科技戰，我們可以看到，2018 年同為中國大陸通信設備商的中興，因為美國斷供零件，一下就被美國絆倒不起了，然而，為什麼華為即使面臨了美國全面圍堵，卻沒有倒下，反而愈挫愈勇呢？

　　從此觀之，戰略，並非只是以經營數字為目標導向，為了因應這樣的局面，華為旗下的晶片設計公司海思，早在 2012 年就已經沙盤模擬提早布局了各種的危機，所以在這次美國封鎖中，把所有「祕密研發備胎」轉正上場，即便谷歌確定沒有提供系統服務，華為仍能維持營業額的向上成長，實現多年前的戰略儲備布局。從此我們也可以知道，任正非的戰略眼光，並非單純以數字來思考的。

　　還記得和張繼立總裁談到這件事時，他建議可閱讀《毛澤東選集》第二卷這本書，就會知道華為是如何在多年前就預想怎麼打這一仗。

　　說到「戰略」，張繼立總裁表示，即便人才濟濟的華為，能

在其中被承認配得上，也可以說「戰略」的，也不過 10 人。也因為這個極高的檢視標準，在華為只有少數人可以盡情「務虛」，如此可以避免人云亦云與干預議政，讓更多人貫注於執行。

至於華為內部的各級戰略主管者，是為了能夠更精準有效的傳達戰略和分配任務，讓專案和底下執行非常迅速有序，所以，關注的都是在「務實」的落實。如同頂層設計，這樣「務實務虛」的互相搭配，讓華為能夠一邊打「通訊」市場，一邊打「手機」市場，一邊再打「大數據、物聯網」，另一邊還能用幾萬人為「自主研發生產」做充分準備，成就了華為不可思議的戰略與戰力。因此這一章，我們分別解開華為的高層戰略「務虛」，到中層以下的「務實」，一起揭開這個系統是如何合作無間，無縫接軌。

哲學戰略產生的「務虛」價值

哲學到底有沒有價值，我們可能不容易計算和估值，但是我們看投資界的巴菲特（Warren Buffett）、索羅斯、台積電創辦人張忠謀和任正非，都有著非常喜歡閱讀和思考的習慣，他們的心思可以說每時每刻都在這兩件事上面，全心投入思考與閱讀，讓他們的「無形」資產，不斷產生變現出「有形」資產。

在企業培訓市場上，各類課程分成很多區塊，我們就一

般上中下階層來簡單論述。常見的最基層，通常都是技能上的訓練，很少企業會給與他們戰略上的課程，他們也可能不感興趣。但是若在總裁班等級或 EMBA 的上課內容，就能發現，教學形式大都趨近於案例研究討論，訓練技術和技巧已然不存，這是什麼原因呢？

　　綜觀任正非在華為內部的各種談話裡，我們從中可以發現，任正非不斷援以科學、自然、歷史、哲學和地理等知識，來譬喻華為人可以怎麼做，可以往哪去想、去行動，他不斷在思考中發現生命的共性與通性，提煉出一段段的對內講話。

　　例如熱力學第二定律中所謂的「熵」現象，就讓任正非領悟出華為變革的道理，舞龍讓他領悟出部門該怎麼搭配合作，「水切割」和「火箭噴射」的道理，就讓他悟出「力出一孔、利出一孔」的投資與集中原則，這些從生命與生活中挖掘的價值洗禮，無形的點滴流入華為人的心頭和血液，給了華為公司一群極富優秀、責任、道德與拚勁的士兵，這就是哲學的價值，引領人們思考。

　　任正非曾發表一篇「力出一孔，利出一孔」的一篇文章，裡面曾這樣說道：「**大家都知道水和空氣是這個世界最柔軟的東西，因此人們常常讚美輕風和水性。但是大家同樣又知道，同是溫柔的東西，火箭是空氣推動出來的，火箭燃燒後的高速氣體，通過一個叫拉瓦爾噴管的小孔，擴散出來的氣流，可以產生巨大的力量，把人類推向宇宙。然像美人一般柔和的水，一旦在高壓下從一個小孔噴出來，就可以切**

割鋼板。**可見力出一孔，其威力之大。**」這就是引用了對於科學的觀察，從這個通性中，華為應該怎麼去做，其類似的文章很多，就族繁不及備載了。

再用一個通俗的例子來說明，這樣哲學性的思維帶領，能為企業和員工起到怎樣的作用。

在古代有一個小鎮在修一座連接兩地的橋，有一位秀才經過，詢問其中幾位工人，為什麼要修這條橋？第一個人說：「就是餬口飯吃的工作。」第二個人說：「就是縣衙給派來的。」第三個人說：「這是我舅舅包的工程。」第四個說：「這是連接兩邊很重要的橋，如果沒有這座橋，百年來居民都得多繞 2 個多小時，下雨河水暴漲還得等水退了，嚴重影響了這個小鎮的發展，就連我老婆回娘家，都得看天。」

試想，如果把築這座橋視為執行一個專案任務，大家會選哪一類員工呢？相信肯定是第四個，因為這樣的想法，肯定會有企業最希望的「當責執行力」產生，即便沒有人督促，員工也會自主完成。可是試問，臺灣現在這類的企業員工，有這樣想法的，比例有多少？能知道自己與企業脣亡齒寒，富有「國家興亡為己任」的人又有多少呢？假若這樣的比例在企業中不斷減少，企業還不注重文化、哲學和教育，不斷地拉高員工的思想維度，那企業又怎麼會有長遠的競爭力呢？只能讓員工隨著社會的各種價值去了。

這就是任正非在華為裡，同是一個老闆、哲學家和佈道者的原因，也是為什麼華為人一個可抵得上一般公司三個人

以上的關鍵。假若華為的戰力、意志和士氣是一般企業的 3 倍，合作效率是 2 倍，工作時間又是 2 倍，乘數起來表示華為的基礎戰力很可能是市場對手的 12 倍。

現在不僅臺灣，甚至中國大陸員工，自我意識抬頭，都常說公司進行文化價值建設是一種「洗腦」程式，所以傾向充耳不聞。但是反過來說，他們選擇了新聞、遊戲、綜藝節目和電視劇，難道這些就不是「洗腦」嗎？

從一個觀念換到另一個觀念，從認識到堅信，就可以說成是洗腦，媒體娛樂產業為了收視及推廣可以這麼做，而揹負產業永續發展的企業為什麼卻沒有作為，形同把自己置身鍋中「溫水煮青蛙」，等問題嚴重了再說，其實這是非常危險的。

華為公司作為一個擁有民族使命的公司，他們成功地讓一群人鍥而不捨的為戰略目標奮戰，19 萬人都可以加班到凌晨，累了就在旁邊鋪個墊子，就是為了努力幫客戶解決問題，想要讓中國的科技超過歐美。如果臺灣的企業也有這樣的氣勢，臺灣人何愁經濟衰退薪水太低呢？

現在的臺灣纏於各種政治鬧劇，民心散亂經濟不振，加上環境資源貧弱，年輕人買不起房、結不起婚、不敢生孩子，只好急功近利或者寄情享樂放逐自己，而漸漸從積極變成消極，從昂揚變成偏激，有才能的遠走他方，走不了的安逸於現狀，政府不告急，還常常夜郎自大的搞奶嘴政治，忽視真正的經濟問題，搞的錢難賺人難管，著實讓企業主非常頭痛。

所以，當知一個沒有文化，沒有價值歸屬的公司，員工

自然對這些社會混淆的觀念沒有防疫能力，漸漸地讓企業內部變成生病而欲振乏力。因此，千萬不要小看管理哲學的力道，華為能執行力超群，在價值觀念上起到了關鍵作用，這樣的內涵和教化，可以為企業建立一支非常具有競爭力和積極度的一支戰隊，能夠開拔國際市場，公司效能大大提高，何愁企業在世界各地沒有發展，沒有錢賺呢？

戰略目標首重落實

張繼立總裁在訪問中談到，華為如何落實這些戰略──**「如果管理和戰略是生搬硬套的」，那就不是真正的管理和戰略，也得不到真正效果。華為強調實戰，能說出來的，未必是真的好管理，崇尚「見山是山」的管理，往往會造成更多問題。**

這段話也許會驚醒了很多專業管理與經理者，因為，華為內部不興「說的」，更強調「做的」，能確實執行的管理才是好管理，能執行、能完成的戰略才是好戰略。

記得與張繼立總裁一次經過某城市，會見了當地一位小企業的朋友，對方特別請他過去坐坐，席間那位企業主問到如何增加門店的客流經營，張繼立總裁即便在一個小小門店裡，仍能根據他剛剛觀察附近社區和住戶的習性，侃侃而談該如何介紹與開發，並且親身示範走出門，親自演練傳單怎麼發，怎麼和附近的住戶聊天溝通介紹產品。這樣的「實戰

總裁」，確實讓很多「說的比唱的好聽」的管理顧問與管理高層，不得不汗顏起來。

但從此觀之，我們也不難發現，華為的「狼群」，真的是從上到下的 19 萬「真狼」，也不難理解，為什麼美國國務卿公開談到美國還有 5 年優勢，如果不出手壓制中國，可能再也沒有機會了，因為華為的行動力，確實比起很多公司來得實際積極很多。

以下節錄張總裁的一則談論華為戰略的演講，來作輔助說明華為的戰略執行。

2015 年秋天在北京一個咖啡廳，我和一家全球著名的戰略諮詢公司的中國區合夥人聊天，我就問他：一年你做了那麼多項目（專案），到底有多少落地？最終的答案是，幾乎沒有成功落地的。

另外一次 2016 年擔任一家企業顧問的第一天，他們的總裁就從保密櫃裡拿出一份裝訂精美的報告給我看，說這是 2015 年花了 1,000 多萬請了羅蘭貝格幫他們做的戰略諮詢報告，其中有一些觀點不理解，想請我幫忙先解讀一下。

各位同學，你們看這是多大的浪費。這些諮詢公司的顧問也不能說不辛苦，但他們用自己的偏好、自己的特長、自己的視角，做出了一份自己覺得很滿意的報告，最終我們的執行團隊認為，這份結果報告不是他的偏好、他的特長和他的意願，最終還是被束之高閣。

　　所以我說戰略規劃是門藝術，存在偶然性和不可複製，但戰略管理是科學，科學是要見到必然的結果，要通過科學的管理過程，把我們的戰略轉化成市場結果。

　　華為其實並沒有刻意的追求戰略規劃的精妙，他花了大量的精力在進行戰略可執行的科學管理，我們把這個稱之為 DSTE（Develop Strategy To Execution），有了這套框架，就能確保我們從戰略規劃→戰略解碼→戰略執行→戰略評估形成一套閉環的動態螺旋成長的機制。

　　有人就細心發現，我給你們很多人講過的各種方法都是動態閉環[1] 的機制，不論 DSTE、BLM、瓶頸突破六步法、戰略復盤、PDCA 等，只有這樣才能形成系統的螺旋成長。

為什麼企業會缺失戰略能力

　　以下仍節錄張繼立總裁的演講戰略內容。

　　絕大多數企業的迷失，在於缺乏戰略管理，經常有四種現象：

　　第一個：隨遇而安，缺乏對手和競爭，今朝有酒今朝

1　閉環管理就是把全公司的管理過程中的各項專業管理，包括：物資供應、成本、銷售、質量、人事、安全等，將管理構成連續封閉和循環，使系統維持在一個平衡點上。同時面對大環境的變化等客觀實際因素，進行靈敏、正確有力的信息回饋並作出相應變革，使矛盾和問題及時得到解決，透過決策、控制、回饋、再決策、再控制、再回饋，從而在此循環中不斷提高企業的競爭力。

醉，腳踩西瓜皮，溜到哪裡算哪裡。

第二個：一葉障目，迷失在當下的細節，失去全域觀，片面追求眼前利益。

第三個：見異思遷，忽略自身能力，追逐社會熱點，在從眾中消滅了自己。

第四個：有戰無略，只有方向口號，沒有細化路徑措施，規劃與執行分道而行。

為什麼會這樣呢？在於很多企業有難以解決的內耗問題。企業之所以出現大量的內部勾心鬥角，本位主義，協調不順暢，其根本原因是大家為維護自身利益，而站在自己的立場玩著自己的小遊戲，對整體組織就產生了熵增的效果（意即不能產生作用的各種管理，詳見第九章「變革管理」）。而戰略就是要構建一個大遊戲，讓人人都在其中，而沒有時間去玩自己的小遊戲的方法，所以戰略規劃的目的是為了共識，為了以後大家都能發自內心意願去執行戰略。

如何落地戰略執行

在華為，經過有效的戰略解碼後，每一個員工都清楚知道自己的戰略目標與好處，這樣可以使員工隨時知道自己目標在什麼，該往哪裡做，又該做哪些。

華為在設計討論戰略時，用系統思考的方式，讓大家建

立起參與感，並且獲得資訊對稱，做出趨向一同的共識。大家一起都站在外部客戶的視角去看看，誰是我們客戶，誰是我們敵人，什麼是機會。

　　然後都站在內部的視角去看看，什麼是我們的優勢，什麼是我們的短處，該把資源聚焦到什麼戰略控制點上，不在非戰略機會上消耗戰略資源。

　　然後都站在行業週邊和企業老闆的視角去看看，我們的這盤棋該怎麼下，我們的戰略活動範圍在哪裡。這樣我們用思維來引導更多思維，用科學的方法讓大家去建立共識，這就是華為系統思考戰略的方法。

　　「戰略解碼」就是讓執行層理解戰略並且找到和自己關係的過程，是實現從戰略到戰術的科學轉化過程。戰略解碼的輸出就是關鍵任務和彼此依賴關係，只有任務清楚了才可以被科學管理起來。

　　解碼的最後要形成這麼一份戰略戰術 ST 分解圖，把上層的戰術與下級的戰略進行有效的聯結，要確保下級的關鍵任務能夠有效支撐我們的上級戰略。讓每個人都能夠清楚為什麼做，怎麼做，各司其職，但又能整體有效聯結。

細化量化戰略工作

　　有了清楚的戰略 ST 圖後，華為每一個分配到任務的

人，都會進一步細化和量化戰略執行工作，以確保準時交付工作。

細化：把工作細化成能夠檢視評價的指標，評估自身實力與可能遇到問題。

量化：清楚界定完成目標數量、完成的時間、交付品質、資源配置數量。

華為公司很早就立下了競逐國際市場的願景，但是當時的華為就是一個山寨組裝通信公司，而且偏向國內銷售，華為並非不自量力的一下就去挑戰那些百年電信企業，而是一步一步的慢慢追趕。他們與國際型電信業者之間的故事，就好比「龜兔賽跑」，一邊是傲慢有恃無恐的兔子，一邊是有決心有戰略，卻一步一腳印累積的烏龜，只是一邊睡得太久，變成了胖子兔，一邊卻最後變成了忍者龜，才有今天領先歐美傲視全球的境況。

最後，當每次設計戰略完成後，建議可以用三個簡單的方式去檢視，檢視自己是否把這個戰略變成了一個整體。第一、是否把企業戰略和員工利益作分配結合；第二，是否把戰略經營與後勤管理部門工作結合協作關係；第三，是否把戰略目標與企業文化和頂層設計作結合。如果都有，那它就如同一個完整的雪球，可以開始滾動，並且能夠實現持續發展，成就一個不斷累積底蘊的企業了。

第 7 章

客戶與營銷管理：

堅持以客戶為中心為發展根基

為客戶服務是華為存在的唯一理由

　　黃衛偉，華為的資深顧問，也是華為首席管理科學家。他主編的《以奮鬥者為本》、《以客戶為中心》、《價值為綱》等書，是熟讀任正非所有講話和文章，從中摘編任正非圍繞著特定主題的語錄。那是學習華為不可多得、學習研究華為的叢書。他認為華為的戰略是「確保一定利潤的前提下重視成長最大化，另一方面追求存量市場獲得第一名的地位，這是華為現在成長的驅動力」。這也是 2019 年 5 月 18 日面對日本媒體採訪任正非時，日本媒體全場提出的第一個問題。

　　任正非立即表達對這個理念不認同。這是一般企業追求的原則，但在華為並非如此，涉及戰略方向任正非絕不含糊。他說：「**我們公司是追求客戶的滿意度，而不是追求成長的速度和存量的管理。**」「**日本經濟為什麼這麼發達？日本公司是以客戶為中心，把商品做得這麼好，讓大家不得不買。日本在工業產品上追求『短、小、精、薄』，追求客戶體驗和滿意度，值得華為學習。**」

　　華為內部教材最重要的任正非講話集，其中之一就是「以客戶為中心」。任正非當初只是改革開放創業潮期間，幾十萬企業裡的其中一個負債小老闆，欠著巨額的債務，用幾個人合資的 2 萬人民幣在一間小公寓開始起家的。華為並非是國家資金背景的企業，能一路發展起來，只是持續堅持簡單的商業原則，奉守「天底下給華為錢的只有客戶」、「要

以宗教般的虔誠對待客戶」的理念。

因為當時的華為在通訊產業中，不過是叢林裡的一隻小土狗，面對世界各國的熊獅虎豹，其市占率連萬分之一都不及，所以當時的華為其實彆腳到不行，只能先到別人最不願意去的地方開始打獵，與最遠最貧的偏鄉開始打交道，一步一步的推銷自己的產品。

任正非說：「**我們沒有國際大公司積累幾十年的市場地位、人脈品牌，沒有什麼可以依賴，只有比別人更多一點奮鬥，只有在別人喝咖啡和休閒的時間努力工作，只有更虔誠地對待客戶，否則我們怎麼能拿到訂單？**」這個覺悟，至今始終如一。

好比知名火鍋品牌「海底撈」的創業老闆張勇先生一樣，他深知火鍋業是沒有太大的技術性，而他也沒有獨特的祕方，唯有服務數次救了海底撈，所以就乾脆把服務做到極致，成就了餐飲業的第一品牌，家喻戶曉的「海底撈」了。

因為這些活下來的生命體悟，使得這些企業老闆在經過無數驚濤之後，還始終保持著這顆初心。

綜觀華為一路走來篳路藍縷，發展初期甚至連薪水都快發不出來，而讓他們挺過來的，就是他們參透到只有客戶滿意才是一個企業生存的基礎。企業不是因為滿足股東才得以長期存在，而是因為客戶願意去支付產品和服務的報酬才得以繼續生存。

「**因此我們要為客戶利益最大化而奮鬥，品質好、服務**

好、價格最低，那麼客戶利益就最大化了，客戶利益最大化了，他有更多的錢就會再買公司的設備，華為就能一直活下來了。」即使在多年之後，任正非仍居安思危的常常這樣提點。

「有的公司是為股東服務，股東利益最大化，這其實是錯的。看看美國，很多公司的股價崩跌，說明這一口號未必就是對的。還有人提出員工利益最大化，以人為本，但現在日本的公司已經好多年沒有漲過工資了。」在 CCTV「財經郎眼」的節目主持人郎咸平說道，市場價值觀如何造成長期的效應呢？華為不斷的讓高通調高毛利，使得高通的股東贏得了最高的利潤，但是卻已逐漸輸掉市場，如果放眼長期 10年，高通的股東們真的能一直維持在高獲利嗎？

其實筆者常從臺灣的中小企業主口中聽到「現在時機不好」、「景氣很差」等這些描述，正因我們臺灣的環境面臨到局限的內需市場，故認知有所不同，現在並非時機不好，人類沒有停止各種消費，而是產業競爭加劇了。我們不能單看臺灣市場，它確實面臨了全球化的競爭，逐漸失去過去的榮景，但是並非沒有臺灣力爭努力世界市場的空間。要知道華為就是在這種競爭環境底下，才能衍生出如此的文化與精神的。

好比鴻海集團創辦人郭台銘在一次公開演講中提及，「過去臺灣中小企業發展起來的年代，有賴於當時政府提供的艱困環境，使得他們得以奮鬥成長。」由於我們國人現今

的生活形態，已走進瀰漫著所謂「小確幸」的氛圍之中，再加上聯合國極力推動全球企業往企業社會責任邁進，著眼社會責任，方方面面的照顧到，這個方向並非錯，但是市場上的競爭很現實，企業要在全世界的賽道上領先，絕對要讓消費者更好、更貼近於他們的企業價值觀、產品和服務。若是這個時候全方位都要顧及到，反而沒有真正準確聚焦在客戶上，真的能夠贏得勝利嗎？這個問題真的值得好好深思。

客戶滿意度是衡量一切工作的準繩

過去華為也曾以技術導向來進行發展，但是任正非發現愈來愈多技術型的公司卻一個個的倒下，這給華為敲了警鐘，領悟出唯有深耕於客戶，才能真的「活下去」。技術當然不可少，但什麼才是根本？要能為客戶帶來利益的才是好技術。所以在確立了「以客戶為中心」的發展策略後，華為彷彿在黑夜裡的波濤大海之中，找到了燈塔的光。為了實現服務好客戶，華為無所不用其極，如何可以充分調動從上到下的資源，全員都在思考這個問題。

2012 年 6 月，華為的一位上海研發人員感慨的發了一篇微博文章。微博中寫到，他們部門到海底撈火鍋店聚餐，聚餐完到前臺去開發票，前臺問要開什麼公司抬頭，他回覆說華為公司。當他回到位子之後，服務員送上了一個水果

盤，上面用水果排出了一個華為的公司標誌，這不僅給了他一個很大的震撼，這篇微博也在華為公司內部引起非常大的衝擊。他們開始思考，幾片水果就能把人感動成這樣，為什麼海底撈能做，華為卻不能呢？

這件事引起了整個華為公司的反思，並且為此下達公文，明確的要求大家都應該去體驗一次海底撈的服務。想當然爾，這次最成功的是海底撈，因為他們只用了一個水果盤，就換到華為員工 19 萬人次的消費。但是，這個蝴蝶效應，卻能帶給華為一次最深刻的經驗。

華為在市場競爭中，從過去的主打低價產品策略，在技術成熟後，漸行不依低價取勝，而是往優質產品和服務作為導向。華為主張，滿足客戶日益增長之基本需求的同時，更要從客戶痛點切入，幫助他們解決未來可能面臨的問題，強調改善普遍客戶關係，拒絕機會主義和急功近利。所以華為對於各地運營商的問題，做了深入分析，甚至成立各種研究所與中心，專門幫助客戶找出解決方案。

華為深知踏進國際，沒有「機會主義」的風口浪尖，所以採取鄉村包圍城市的戰略，最後以優異的服務和口碑，逐漸走進全球各大電信運營商的口袋名單，更以完善的客製化，精良的產品與品質，最快捷的服務，短時間就提高了不少市場占有率，現在更因為美中貿易戰，美國總統川普（Donald Trump）的各種抵制，導致傳播媒體的大肆渲染，就這樣華為更進入到全世界人們的眼簾。憑著厚實的競爭力

及穩固的防禦力。此次科技貿易戰非但沒有打垮華為，甚至讓更多人接受了華為，還因此讓華為財報不跌反升。

　　華為在業務發展期間，判斷執行上是否有朝著以客戶為中心前進，有個關鍵的檢視標準。是怎麼樣的績效指標呢？是否為財務指標？事實上，華為選擇的是「客戶滿意度」！這個著實不容易，華為落實「以客戶為中心」到什麼程度呢？其在員工的晉升制度當中，特別採用了客戶服務作為一個重要的審核考量，員工如果缺乏與客戶溝通，不能與客戶建立良好的關係，都沒有資格更進一步作高升。實行這個政策，促使了全員以客戶為中心的方向，讓華為 19 萬頭狼，清晰地了解到自身在華為裡具有的價值是什麼。

　　前幾年一則新聞報導，有民眾拍到任正非在機場排隊等出租車的畫面。有人認為這是他沽名釣譽，事實上，這是任正非的一個小習慣，他有時候會不預先告知行程，去突襲某一個事業部。甚至會出現在最危險的前線戰場，為的是給外派員工帶來最直接的鼓勵。

　　但他更重視的，是體現到底是上級重要，還是客戶重要，他曾多次向員工發出警告，「**我們上下瀰漫著一種風氣，崇尚領導主管比崇尚客戶更多，管理團隊的權力太大了，從上到下，關注領導主管已經超過關注客戶，向上匯報做得如此精彩，領導一出差安排得多細緻費心，到底還有多少心思在客戶身上？**」任正非嚴以律己，用自己的身教言教示範什麼才是企業的大是大非。

「堅決提拔那些，眼睛對著客戶，屁股對著老闆的員工；堅決淘汰那些，眼睛看著老闆，屁股對著客戶的員工。前者是公司價值的創造者，後者是謀取個人私利的奴才，各級幹部必須要有境界，下屬屁股對著你，自己可能不舒服，但必須善待他們。」由此可見任正非的「以客戶中心」絕對不是口號，而是深知這是企業的根基，如果這個價值觀走歪了，企業品牌就會真正的走向名存實亡了。

如此的制度和模式在在打破了我們過去所認知的績效管理，過去大部分所了解到的績效，都是以財務數字為基準，或者職能中的關鍵指標，又或者上下左右的部門關係和評價。而華為主要針對客戶滿意度，就讓所有員工毫無退路，只能朝向著客戶邁開步伐。

初次認識到這個原則，猶如當頭棒喝，因為這一思想和臺灣被灌輸的觀念裡，有著極大的落差。當今的職場中普遍存在的無非是利己主義和自我設限，我們大部分被社會教授的是，「做好自己的本分和專業」就可以，鮮少有人告訴我們「上帝其實就是你的客戶」的道理。即便現在社會充斥著成功學和各種投資理財課程，更加的只會讓人去關注自己可以賺多少，如何賺快錢。可惜並未著重的是，我們在工作上能為客戶做些什麼，如何為客戶創造長期價值，得以永續經營。看似簡單的商業理念，華為老實的在上面用功，進而耕耘出亮麗傲人的成績單，在這浮躁的現今社會，華為給了大家最樸實深切的答案。

以客戶體驗牽引服務流程體系

　　對大多數的從業人員來說應該都有這種體會，很多時候是無法在各個面向都滿足到客戶實質的需求，我們只能迫於推薦和銷售有限技術範圍內的自家產品及服務，勉強客戶去接受。

　　而華為為了做到大客戶的生意，深耕市場，為客戶創建敏捷的供應鏈和交付平臺，在世界各地建立了專門的客戶服務部門，對於客戶的需求就能即時轉達到研發單位，貫通連結客戶的流程體系，實現整合系統的資訊連結，透過內部規範面向市場創新，並制度化快速推出高質量產品，以即時服務客戶。就是這種即時、無微不至的客製精神，讓華為不斷地在各地拿下一筆又一筆的訂單。

　　除此之外，華為將非洲市場成功的客戶服務「鐵三角」模式，拓展到海外各地區的事業部，使得每一次與客戶接觸，都能確保業務經理、問題解決專家和交付工程師，三個鐵三角都一定能一次到位，一次完整即時的提出有效解決方案，從溝通到交付，有業務、研發和交付工程師，就可以充分無遺漏的解決客戶問題。

　　任正非又進一步強調：「**財務再漂亮，客戶不買單有何用；財務達標再好，客戶下次不買單有何用；財務短期利潤多好，客戶最後轉往購買競爭對手有何用。**」華為的野心不是生意，不是利潤，不是金額，而是真正的插足市場，立於

客戶心中。

所以在華為擴大世界版圖之後，美國運用政治力提出了「實體清單」，拉攏各國排擠華為，然而依舊阻止不了其電信發展已赫然超前的事實，很多國家在幾經迂迴之後，仍不排除使用華為的設備，甚至很多和美國關係密切的企業，寧可違背川普的禁令，也要和華為保持生意往來。這正好證明了，華為無庸置疑真正深耕於客戶心中，短時間內是無法抽離而將其拒之於門外的，況且深耕至今 30 年，實難以撼動其在全球的地位。

深淘灘，低作堰

有句西方哲言曾說：「運氣的確存在，但無法被依賴」。華為深知，如果只是憑藉著好時機去經營，最終會走向敗亡。「**深淘灘，低作堰**」這個概念是任正非早期對內部員工一次很重要的講話，內容是針對華為在對內運營，與對外客戶交付的一個重要理念。

這個典故是根據距今兩千年歷史，戰國時代一項重大的水利工程，現今已列為世界遺產之一的都江堰。當時，都江堰的系統是由李冰父子所創立的一套完善治水原則與工程，即使在兩千年後，這項浩大的工程仍然在成都地區持續發揮了很大的作用。而任正非在一次遊歷了都江堰後深刻感觸了

「深淘灘，低作堰」的深遠作用，因此他萃取李冰當時的智慧結晶，並締造出華為嶄新的管理模式。

「管理就像長江一樣，我們修好堤壩，讓水在裡面自由地流，管它晚上流，白天流，晚上我睡覺，水還是自動地流。水流到海裡，蒸發成空氣，雪落在喜馬拉雅山，又化成水，又流入長江，這樣循環久了，就忘了岸上的企業家了。企業家在這個企業裡沒有太大作用的時候，就這個企業最有活力的時候。」

「深淘灘」就是不斷挖掘出內部的潛力，厚植研發的投入，增加核心競爭力，並隨時不斷的淘沙，降低管理成本，並做到簡單化、標準化、免維護化，建構強而有力的系統流程，猶如讓水流導入循環系統，生產就能像是印鈔票那樣的順暢，使其保持長久的效率，甚至能夠對抗未來可能發生的風險。近期美國的制裁，以及限制谷歌軟體的授權，若不是華為早有備案，怎麼能在這次的對抗中獲得如此巨大的成功。

「低作堰」就是在枯水期有所預備，能夠引進其他的水。節制對利潤的過分貪慾，賺小錢不賺大錢，永遠只賺取合理的利潤，讓利於客戶、供應商和合作夥伴，大家一起共生共贏，唯有這樣才能互相團結，讓自身產業的生態圈不斷擴展、往前與不停息。

華為追求長期有效增長

華為關注企業是否能持續有效增長,「從短期,中期,長期三個方面來衡量,持續有效的增長,當期看財務指標,中期看財務指標背後的能力提升,長期看格局及商業生態環境的健康,產業的可持續發展等。」華為深知為了增加核心競爭力,會失去很多機會與利益,但若沒有核心競爭力,將永久失去發展機會。所以華為不為短期利益所動搖,緊緊圍繞客戶的隱性和顯性需求,來不斷強化核心競爭力,以配合客戶。

「公司賺錢愈多,投入未來愈多,戰略競爭力愈強,就賺得愈多,就能吸引世界各國優秀人才,戰略競爭力更強!」任正非是這麼說道,進而不斷著墨再打磨。

而探究所謂的市占率,任正非也是具有長遠的見地。**「高科技產業的擴張,機會和市場占有率是最重要的,為了市場占有率,有可能要犧牲很多利潤。」**另外也提到,**「對於有效增長的考核,不能光看銷售額,還要看大客戶銷售比例的提升,運營商、主流運營商的銷售額及銷售額的比例提升,非主流的運營商銷售額權重要稍下降一點,兩個統計指標要有差別,否則就老作不進大客戶。」**

華為不斷在成長和利潤之間取得合理的均衡,即使面臨美國的封鎖危機,任正非仍舊大器的對外表示,如果美國公司想要買華為的技術,華為很願意讓出來,甚至於其他國

家，大家一起發展，市場才有競爭，產業才會蓬勃成長。再者，他更重視的是，唯有在市占率提高、同業不死，競爭仍在的情況，華為才能不斷長久發展。任正非關注的絕對不是眼前的勝敗，而是遙望兩千年前的都江堰，並著眼於未來。

永遠謙虛的對待客戶、供應商、競爭對手及社會

　　「**無論我們如何強大，我們永遠謙虛地對待客戶，供應商、競爭對手、社會，包括對待我們自己，這一點永遠都不要變。**」任正非反覆地提醒華為員工，上帝是客戶。他雖引用了西方人的說法，不過華為公司不信仰任何宗教，抑或是上帝、阿拉還是佛陀，唯有客戶最值得。華為即使身處頂峰，也是依然如此的彎腰精神，這使得華為這間未曾上市的公司，竟能與國際間的各大企業匹敵，得到敬畏及尊重，並且仍舊一直保持著謙虛，持續的學習成長，多麼令人讚嘆！

　　反觀現今社會，尤其在臺灣這個民粹主義橫行的當下，「我做我自己，有什麼不可以」、「我有權利表達自己的主張」等，諸多過於強調自我個人訴求及感受的言論，再經由媒體及網路帶起風向，不斷的使人心自我膨脹起來，導致這樣自私的心態在社會上已經逐步蔓延，並擴及到職場當中。無論在面對客戶或是夥伴，從業人員展現的多是利己主義，

體察不到一間公司真正追求的，應該是向著客戶永續經營，再加上管理思維層級薄弱老化，捉摸不到整合要領，使得組織內部就更難以團結了，對外失去競爭力不說，未來還很可能淡出市場。這幾年臺灣企業在世界的舞臺中逐漸沒落，這不禁讓我們省思，企業在現今的社會中能不更加用心經營嗎？

第 8 章

創新管理：

創新的路標是依據客戶需求導向設立

2019 年華為新機 Mate 30 在歐洲發表會上，展現了多種領先的黑科技。在開賣當天，才短短的一分鐘全球就衝出了 21 億元的銷售佳績，幾乎是每分鐘賣出 12.5 萬支手機，不禁讓世人對華為的魅力感到驚嘆。對比過去在蘋果專賣店前面排隊購機的人潮，逐漸取而代之的，竟然是華為的新機發表。這樣的情事，在連續幾年之後，不由得讓人懷疑，這可能不是偶然狀況，反而開始更多的去關注華為的手機。但不少人的心中還是會多少帶著疑惑，過去只是追趕蘋果的一家中國品牌，為何能夠一躍走上全球的科技最前端，開始引領著世界呢？

普遍的一般大眾會猜測原因，不外乎是華為在科技技術的發展上投入了巨大成本，抑或者認為，這還是有中國大陸官方的金援支持。事實上這些都不是正確解答，只是因為華為始終沒有背離「以客戶為中心」的原則。

過去因為蘋果手機和賈伯斯（Steven Jobs）的傳奇，很多企業認定，獨特的科技產品能夠引領開創市場奇蹟。但是華為在成長過程中累積的經驗和教訓，清楚的告訴他們，只能圍繞客戶的需求去做產品，並且向內清楚表達「技術導向」和「客戶需求導向」的孰輕孰重，一定是後者為大，華為不做背離客戶的技術研發，因此所謂的黑科技，仍舊是圍繞著客戶的需要和習慣所開發的。

也許有的人會好奇，客戶需求導向與技術導向有何差別？差別就是先發制人與後發制人。任正非語重心長的說

道：「**我們以前做產品時，只管自己做，做完了向客戶推銷，說產品如何的好。這種我們做什麼客戶就買什麼的模式，在需求旺盛的時候是可行的，我們也習慣於這種模式多年。但是市場形勢發生了變化，供過大於求了，如果我們再埋頭做出『好東西』，然後再推銷給客戶，那東西就賣不出去。因此，我們要真正認識到，客戶需求導向是一個企業生存發展的正確道路。**」

不同於中國大陸官方鼓勵的大學生創業，任正非創業時已經 44 歲，中年創業。若不是為了麵包和生存，任正非不會選擇走上創業的道路，所以，比起少年不知愁滋味，華為的經營與行事風格，都是為了「活下去」，其中的沉穩內斂，讓華為的經營絕不甘冒太大的風險。

任正非曾說：「**波音公司在 777 客機上是成功的。波音在設計 777 時，不是說自己先去設計一架飛機，而是把各大航空公司的採購主管納入產品開發團隊中，由各採購主管討論下一代飛機是怎樣的，有什麼需求，多少個座位，有什麼設置，他們所有的思想就全部展現在設計中了。這就是產品路標，就是客戶需求導向。**」所以聚焦客戶關注的痛點，才是華為的產品設計方向。

因此華為要求設計開發人員，一定要多與客戶交流，不能關起門來搞研發，即便是手機，也都必須是關注客戶的使用習慣和數據，進行改良，而不是天翻地覆的設計出一個客戶可能不買單的產品。

在一次內部的訓練中，任正非再次向幹部們談到：「我有一次問大家肚子餓時最需要什麼，他們說需要吃飯。我問吃什麼飯？他們說大米飯。我說，把你關在一個屋子裡，給你吃比大米高級得多的，用珍珠黃金做的大米，你要不要？肯定不要，因為你需要的是真正的大米飯。從這裡，大家可以看出先進的技術與客戶需求之間的矛盾了。客戶需要吃大米飯，我們就只能給大米飯，給他們珍珠、瑪瑙都是沒用的。所以我們認為，要研究新技術，但是不能技術唯上，而是要研究客戶需求，根據客戶需求來做產品，技術只是工具。」

華為不要工程師，要工程商人具有商業思維

華為深知創新雖然冒險，但不創新才是最大的風險，所以反覆地提醒華為人，「創新只是手段，創新不是目的，一定要搞清楚。」任正非更精闢的說道：「領先半步是先進，領先三步成先烈。」又進一步的說：「超前太多的技術，當然也是人類的瑰寶，但必須犧牲自己來完成。IT 泡沫破滅的浪潮使世界損失了 20 萬億美元的財富。從統計分析可以得出，幾乎 100% 的公司並不是技術不先進而死掉的，而是技術先進到別人還沒有對它完全認識與認可，以至沒有人來買，產品賣不出去卻消耗了大量的人力、物力、財力，喪失

了競爭力。許多領導世界潮流的技術，雖然是萬米賽跑的領跑者，卻不一定是贏家，反而為『清洗鹽鹼地』和推廣新技術而付出大量的成本。但是企業沒有先進技術也不行。」

華為的觀點是，在產品技術創新上，華為要保持技術領先，但只能是領先競爭對手半步，領先三步就會成為「先烈」，明確將技術導向轉為客戶需求導向的戰略。通過對客戶需求的分析，提出解決方案，以這些解決方案引導開發出低成本、高增值的產品，盲目地在技術上引導創新世界新潮流，恐怕就要成為「先烈」的。

華為謹守任正非所訂下的「**創新的目的在於所創新的產品的高技術、高質量、高效率、高效益。從事新產品的研發未必就是創新，從事老產品優化未必不是創新，關鍵在於我們一定要對科研成果負責轉變為對產品的商業成功。**」所以華為的產品創新一直是客戶需求和技術創新，雙輪是同時驅動的，以客戶為中心做產品，同時以技術創新為中心做未來架構性的平臺。

闡述到這邊，可能有的人就會誤以為，那就緊抓這個「以客戶為中心」原則就沒錯了。事實上，這雙輪同時驅動，是中國傳統文化一個「中庸」與「中道」的核心概念。

「**什麼是客戶解決方案？解決方案不是以技術為中心，是以需求為中心，這是前端的；但後端的以技術為『中心』，是必須儲備性的。我們也要加大以技術為中心的戰略性投入，以領先時代。我們以『客戶為中心』講多了以後，**

可能會從一個極端走到另一個極端，會忽略以技術為中心的超前戰略。將來我們以技術為中心和以客戶為中心兩者是像擰麻花一樣的，一個以客戶需求為中心，來做產品；一個以技術為中心，來做未來架構性的平臺。」

任正非想要體現的，就是這兩個齒輪同時驅動又平衡的運作，讓華為能夠持續成長，既能占據企業用戶，同時又兼顧到消費者用戶，讓品牌線能既深且廣的深植到客戶的習慣上。

然而，任正非在一次自嘲的比喻中提到所謂的創新：「華為長期堅持的戰略，是基於『鮮花插在牛糞上』的戰略，從不離開傳統去盲目創新，而是基於原有的存在去開放，去創新。鮮花長好後，又成為新的牛糞，我們永遠基於存在的基礎上去創新。在雲平臺的前進過程中，我們一直強調鮮花要插在牛糞上，綁定電信運營商去創新，否則我們的雲就不能生存。這是我們自己曾經有過的教訓。盲目地學習與跟隨西方公司，我們指望從天上掉個林黛玉，結果下不來，連不上，不知道怎麼用，一直到林黛玉變成老太太了，全做好了，可以接進來了，才開始用，那時林妹妹已經老了，沒價值了。現在我就說從牛糞上生出鮮花來，與電信運營商貼近，做一朵雲馬上賣一朵雲，就能逐步形成七彩雲霞。」

從這邊我們可以知道，華為成功真的沒有太大祕密，任正非奉行的都是最簡單的道理。現在基於網路和新技術帶來

的浪潮日新月異，導致很多企業一下子不知道怎麼去改變和適應，其實成功的要點，就是總能堅守好商業真理，而不是盲目的去抓取浮木。

就正面而言，這給了我們很大的信心，但從另一面來說這不就是一種警示嗎？我們是不是也在科技浪潮中失去了真正商業本質的真理呢？

創新，用開放的一杯咖啡吸收宇宙能量

華為所處的時代是中國改革開放的最初 30 年，當時的中國擁有強大的活力和人才，也不乏雄心和敏銳的企業家，多的是資本和風頭，所以機會主義橫行，但是當時的中國企業普遍缺乏長遠沉穩的基礎——管理能力。而此時的任正非也發現了這個弊端，所以提出「**我們應當學習美國的先進、日本的低成本與歐洲的品質，更不斷地汲取德國與日本的品質文化而形成華為的文化。**」為了能夠急起趕上歐美的步伐與底蘊，華為在學習管理和教育培訓上花錢從不手軟。

再者，華為對於創新一直都是採取積極且開放的。任正非鼓勵華為高階幹部，不要夜郎自大故步自封，一定要多向外學習。

張繼立總裁進一步說：「**高級幹部人才很容易成為公司的天花板，他們的格局、經驗、偏好很可能成為公司發展**

的障礙，就像金字塔的頂端那樣的狹小，那麼要怎麼辦呢？炸開人才的金字塔！所以華為鼓勵高層多出去交流，多去跨界，一杯咖啡吸收宇宙能量，保持開放的心態。」

任正非更鼓勵：「**高級幹部與專家要多參加國際會議，多『喝咖啡』，與人碰撞，不知道什麼時候就擦出火花，回來寫個心得，你可能覺得沒有什麼，但也許就點燃了熊熊大火讓別人成功了，只要我們這個群體裡有人成功就是你的貢獻。公司有這麼多『務虛』會就是為了找到正確的戰略定位，這就叫一杯咖啡吸收宇宙能量。**」這類的交際費用，華為是絕對可以給予報銷的。

華為經由積極吸收內化各種功力，轉化成華為的核心能力。「**華為在『開放的基礎』上，從來都是堅持獨立自主，自力更生，從來都不依賴別人的。開放和依賴是兩個不同的概念，開放就是吸收別人的成果，充實自己，提高自己。如果沒有自己『獨立自主的基礎』，我們的開放就會引進、引進再引進，其結果是自己什麼也沒有，所以兩者並進不矛盾。**」任正非如此說。

所以不難了解，為什麼華為擊敗了世界多個電信巨人，而且能厚植它的競爭力基礎，經由這樣的企業文化和氛圍的樹立，即便是其他電信巨頭用 2 至 3 倍的人數和規模，也是難以蹴及其成長與成就的。

即使未來可能仍會被美國持續的封鎖，華為依然守著在 2012 年前訂下的方向。「**我們是一個開放的體系。我們還**

是要用供應商的晶片，主要還是和供應商合作，甚至優先使用他們的晶片。我們不用供應商的系統，就可能是我們建立了一個封閉的系統，封閉系統必然要能量耗盡，要死亡的。我們不要狹隘，我們做操作系統，和做高端晶片是一樣的道理，主要是讓別人允許我們使用他們的系統，這是我們的糧食，不能斷了我們的糧食。即便他們斷了我們糧食的時候，備份系統要能用得上。」

這一個戰略，從 2018 年遭遇的危機到轉危為安，任正非始終沒有改變過，而我們也才能夠由此得知，其實大師級的他已經早在多年前預見了這個風險的發生，並且做好各種布局，這就是華為「務虛」的戰略會議產生的管理準備。

記得在一次與企業家們的聚會當中，有一位企業家表示，這個說法肯定是講給美國聽的，用來討好消費者的，怎有堅持採用讓利的做法給供應商的道理？哪有不講利潤最大化的商人？這個道理其實筆者在剛認識華為的時候確實也沒想明白，但是在思索的這段時日，也隱約感受到，周遭開始出現很多力求長遠穩定發展的企業主，他們思考的是怎麼讓企業永續 30 年，乃至於一輩子，而不是如何張揚顯耀。

而辛苦創立華為的任正非，竟把絕大多數的股份都分配給公司的員工，任正非的所思所想、所言所做，都是在思考著如何打造出一個「都江堰」來。可見他關注的不是從自身出發，如果是，他不會願意讓出 98.6％的股份（華為是未上市公司，可以說就是私人公司）。怎麼讓華為集團整體持

續存活下去，乃至於長長久久發揮效力，他考慮的是長線、是員工、是共同體，而不是短期暴利，所以有合理的利潤，大家才會願意繼續艱苦奮戰，並且讓戰力持久下去，保持開放，還可以使華為融入愈來愈大的競爭環境。

持續管理革新比技術創新更重要

外人只能看到華為的營收屢創新高成功、產品成功和技術成功，但其實很難想像華為是鴨子划水，不僅在技術上不斷創新，關鍵在管理上也不斷創新。

1997 年華為引入美國 IBM 的管理體系，在當時的華為連海外市場都還沒涉足，隨著據點一個個的設立，事業體愈來愈多，華為不可能不作每一個階段的改變與提升。但是這個管理創新依然有著華為穩健的風格，即使引入 IBM 的體系，在管理系統創新上沒有天翻地覆的改變，所有改變都是圍繞著管理基本常識上做了更多細緻的改進。

在談到這個過程時，記得曾有一位企業主在課堂上公開的提出質疑。「很多老師和教授都是在講案例，聽到的都是谷歌、阿里巴巴、IBM 和華為，這些企業都太大了，我們學不會也做不來，請老師講點實際的。」這個問題，不曉得被問過幾次了。

由於筆者曾擔任過多家公司的經理人，也擔任過一間中

國五百強企業的管理者，仍深深覺得華為的案例是最適合用來學習之一，為什麼？翻開華為的相關成功研究典籍，從不少文獻中可清楚地拼湊出華為的演進歷史，從 10 個人到 19 萬人，從考慮要不要賣減肥藥和墓穴，到賣交換機，一直到後來成為電信霸主，每一個跌跌撞撞的階段都清楚的被記載出來，這比起資本溢注一下子捧大的獨角獸企業，或者靠著政策風潮大起大落的企業來說，更具有參考價值。

再者，華為只守著一個本業，從來也沒有什麼風口浪尖或浪潮是等著他們的，也沒有利用了什麼特殊機遇，更沒有巨大的資本挹注，它從一個銷售公司到工廠，再從工廠變成設備商，最後從設備商變成了全球企業和消費者都熱愛的品牌，這中間有太多故事和紀錄都是中小企業主可以借鏡的。更重要的，還可以在了解這過程充分地學習到，為什麼任正非的思維除了能解決一個個的階段問題，還能在最後成就一家不凡的企業。

張繼立總裁進一步的補充到：**「其實學華為是在學什麼呢？第一、學習華為是怎麼學習別人的？第二、學習華為是如何客觀的批判自己？這是最為重要的，華為沒有一口吃成胖子，沒有什麼都學，它也是通過剖析了自己的主要問題，然後進行了管理變革和針對性學習，通過一步步的小贏獲得最終的大勝。所有一切管理動作（包括變革、制度）的目的，都是為了促進生產力發展。」**

華為在管理創新中，多年來僅緊抓最重要的幾個原則和

精神，實踐其管理創新：各盡所能、按勞分配、多勞多得。知，只是實踐常識，卻也是我們最汗顏的地方，我們往往因為過度地向外看，卻忽略或是忽視了去覺察企業內部的管理問題。

然而，筆者也曾想藉由大量閱讀華為的相關著作，從中獲取獨到方法，來幫助自己的公司，但在總結之後的領略，分析華為的管理創新，確實非常值得借鑑，但是卻不一定適合拿來全盤複製。因為華為的管理創新，都是基於不讓華為自大墮落而設計，在不斷的成長當中，每一個階段就會有一個新的方針，例如員工持股、建立輪值 CEO、讓前線呼喊砲火、自我批判列入獎金頒發等等，都是讓我們耳目一新的做法。

也許方法看起來很好，但目的才是最重要的，方法及手段仍需依照公司實際情況來斟酌改良，以適應自己公司為要。就筆者的觀點，非常不建議變革一下全都到位，一定要視公司體質，漸進的提升，華為很多管理創新，都是在講一個「道」，而不是「術」，始終圍繞著如何「實踐商業基本常識」。華為出生的背景、經歷的過程和階段、面臨的問題，一定會和你我有差異，所以，適用性、目的性，以及迫切性都不一樣，華為做這些管理與創新是為了達到「**以奮鬥者為本**」、「**以客戶為中心**」、「**持續在艱苦中奮戰**」，但是讀者朋友的目的可能不同，我們可以充分借鏡，但是怎麼去實施，就要大家用心去思考了。當然相關的細部管理，後面的篇幅也會逐步有更多更詳盡的敘述，以供讀者參考借鏡。

第 9 章

變革管理：
從物理定律中參悟與實施變革

　　這個世界瞬息萬變得太快，發達的科技和醫療讓人類的壽命愈來愈長，但反觀企業的生命週期卻是愈來愈短，所以這個世界企業焉有不變的常態。

　　端看現在臺灣市場有不少新創公司，大都是發跡快、燒錢快、倒得也快，儼然在臺灣市場形成一種市場氛圍，企業不是 3、40 年的老牌企業，就是壽命不過 3 年的企業居多，新創公司大多靠的是理想維持著，所以產業市場的現象呈現出強烈差距。

　　這樣的情況似乎意味著，快速推動社會發展前進的新創企業，正在前仆後繼地把浪潮打上沙灘，推動社會與產業變革，但是這同時也代表，一些新創公司內的員工，將很可能不再能安穩的做到退休，很可能隨著新創公司不斷的死在沙灘上，甚至一生要經歷 10 來個以上的職場工作轉換。

　　產業市場不僅競爭，員工的工作能力也受到很大挑戰，再加上科技應用的大數據、AI、數位轉型、無人控制技術和自動化等新的科技大量，取代傳統人力，加速社會、家庭和企業等環境變化，於是「變動、變革、適應、轉換與升級」成為這一個時代的企業與個人不得不去正面迎對的課題。

持續的小量變革，大過大刀闊斧的變革

　　回顧 30 年來，華為從草創初期的 3 個人，在破舊公寓

的桌底下搞研發，到現在擁有全球的 19 萬戰狼，成為通訊領域的世界級老大，很多人一定會認為這是華為不斷的進行大幅度變革，才能成為現在的規模。

事實上剛好相反，其實華為的企業變革是低調且緩慢進行的，成功的關鍵是它能「持續不斷」。張繼立總裁解釋道：「華為把這個稱為『鮮花插在牛糞上』的反覆運作創新。顛覆式的革命失敗率太高，對組織傷害也很大；而繼承式的改良創新則可以很好的持續，既能不斷消耗掉多餘脂肪，換成肌肉，又能把優秀的新技術和成熟的老經驗結合起來。」

任正非 30 年來，最常思考的一個問題就是如何不斷「活下去」，至於社會上一般企業主衡量的方向，不外乎是「哪裡有錢賺？」、「未來趨勢是什麼？」、「如何做出受消費者歡迎的產品」、「如何向股東報告」、「如何上市融資？」等，兩者的思路是截然不同的。我們都知道，一個企業領導者的思維方向，決定了該企業的發展方向，華為公司的文化底蘊深厚，正來自於任正非深切專注的研究——如何不斷保持企業活力與競爭力。

熱力學的第二定律幫助華為不斷增長

「你每天去鍛鍊身體跑步，就在耗散結構。為什麼呢？你身體的能量多了，把它耗散了，就會變成肌肉，變成堅強

的血液循環了。能量消耗掉了，糖尿病、肥胖病也不會有
了，身體也能變得苗條漂亮，這就是最簡單的耗散結構。吃
了很多牛肉去跑步，你就能成為劉翔；吃了太多牛肉不去跑
步，你們就會成為美國大胖子。都是吃了牛肉，耗散與不耗
散是有區別的，所以我們一定要堅持這個制度。」任正非
說。

探討華為持續變革成長的這個議題中，最為著名的就是
引用了熱力學中的第二定律「熵」這個概念。任正非對於哲
學、物理學、生物學這些基礎學科非常重視，也投入很多精
力去研究這些。他在企業管理領域，最常閱讀研究的不是企
業的成功案例，而是失敗案例，他始終在考慮的是企業長久
存活的議題，所以華為能夠不斷從內在產生變革的力量，源
自於他的居安思危。

他從熱力學第二定律中，華為提取出「熵」的現象和定
律，是與企業壽命存續有著密切的相關性，這個字對於不擅
長物理學科領域的讀者而言應會較為陌生，藉此先來作簡單
的科普說明。

「熵」是熱力體系中，不能利用來做功（work）的熱
能，簡單通俗的解釋就是不能做功的「混亂程度」。從高序
度（有秩序、有確定性）轉變成低序度（混亂、無常）的趨
勢，這就是「熵增」，反之愈來愈有序（減少不確定性）就
是「熵減」。

「熵增」之後意味著系統功能減弱，好比一個人不斷的

大吃大喝，但身體各器官反而要努力的運作來代謝這些多餘的食物及排除毒素，最後終究體內系統功能不斷的被破壞減弱，而導致各種疾病直到死亡，亦即吃飯然後消耗身體的能量，造成病壞死的過程稱之為「熵增」。

　　企業的生存亦然，如果一家公司不斷臃腫腐敗，終究是要滅亡的。換言之，如果要讓一個人身體變好，就要維持健康的飲食和運動，所以，身體功能健康加強的現象就是「熵減」了。由此得知，企業要能持續穩健的發展，一定要導入確保能讓企業不斷「熵減」的各種方法。

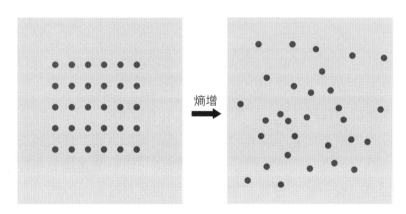

熵增

人性是組織變革的最大絆腳石

　　一般公司不論大小，進入到穩定的高原期後，都會逐漸進入衰退期，因為人的天性使然，組織裡種種的負面人性會

如雨後春筍般冒出。怠惰、安逸、自私、互踢皮球、不願多付出、不想改變、占據利益山頭、維持現狀、對未來不願意冒險投資等等。

華為並非沒有遇過這種場景，而是每每在事先或者初期時就對這種情況作出預防應對，30 年來任正非沒改變過的談話主題，就是不斷批評內部的怠惰現象，所以截至目前的華為，並沒有長時間的怠惰時期，這正是華為能夠在所有國際巨獅睡著時，急起直追變成戰狼的最大原因。

然而在華為，任正非並非沒有經歷過阻礙，最為關鍵的一次是在導入 IBM 的產品集成開發管理（Integrated Product Development，簡稱 IPD）時，面臨到組織變革時常會發生的狀況，當時幾乎所有的幹部們或多或少的反對和抱怨 IBM 的系統有哪些問題，又哪裡不適用於華為，這使得當時急欲邁向歐美管理規範化的華為在變革上困難重重。於是，任正非就在變革的方向和 IBM 派來的諮詢顧問得到幹部的共識和認同之後，公開慎重的要求全體幹部：**「一定要削足適履穿美國鞋，學不好就殺頭，就地正法！」**這話說得嚴正且激烈，但真真切切地表達出任正非變革組織向歐美靠齊的決心。自此以後的華為，逐漸變成一個能夠不斷適應變化的組織，也不再有公然反對變革的氛圍。

「當新一代皇帝取代舊主時，他的成本是比較低的。因為前朝的皇子、皇孫會形成龐大的食利家族，已把國家拖得民不聊生。但新的皇帝又會生幾十個兒子、女兒，每一個子

女都有一個王府，以及對於王府的供養。他們的子女又繼續的繁衍，經過幾十代以後，這個龐大的食利家族大到一個國家都不能承受。人民不甘於忍受，就又推翻了它，它又會重複前朝的命運。」

知名的底片相片生產龍頭柯達公司，相信大家對這品牌仍是記憶猶新，它曾經是世界上雄霸一時的巨型跨國公司，於全盛時期擁有超過 75％的全球市場占有率與 90％的產品利潤，但是為什麼會在之後的短短 10 年間轟然倒下呢？

其實全世界最早的數位相機，是柯達的工程師在 1975 年所發明的，距離柯達發展的最高峰尚還有 20 年之久，而柯達原本有很好的機會超前市場延續企業壽命與榮景，但是當這位工程師把這部相機拿出來時，一位柯達的主管卻和他說道：「這玩意很可愛，但你不要跟別人提起它。」這個研究就此塵封在柯達公司的某個角落之中。

值得注意的是，原本柯達的企業價值中就有一條「永遠致力於追求行業最新的科技水準」，但是因為已經贏了世界 40 年，所以企業體質逐漸臃腫，沉緬於底片霸主的劇情當中，不再看重科技創新和對手的興盛，進而忽略了數位相機的未來趨勢，很可能會在不久的將來大大的擊垮其原本的霸主地位。所以最後就誠如大家所知道的，真的就被後來居上的數位相機，徹底地打入歷史洪流之中，在 2012 年宣告破產。

綜觀柯達的全盛時期，一個在職員工可以養 4 位退休員工，福利優渥，如此內耗龐大臃腫的組織，讓柯達在關鍵時

刻無力再翻身做出有效變革,而自炫彩奪目的舞臺上旋即黯然退場。

用實戰訓練「熵減」

著名的能量研究權威醫學博士霍金斯先生的人類頻率研究,和美國社會心理學家馬斯洛的人類需求六層理論「超我層」[1],二者都有一個共通之處,就是發現等級位屬高層的人類,其心境是處於「利他、清淨、祥和」的正向狀態,而等級愈接近底層的人類,不乏皆具有自私、對立、仇恨和悲觀等負面思維,這種情緒也是致使生病的能量頻率。

這個理論也適合套用在企業當中,當我們在一間公司裡看到的多是負面頻率的人,很可能這家企業已經無力去翻轉變革了。

從提筆撰寫這本書的初期,美中科技戰才剛開始,到現在本書即將出版,一年多的時間過去了,得知這一季華為新公佈亮眼的財報,證明其非但沒受到美國封鎖的影響,反而成長了 24%,成為歷史上唯一不被聯合抵制擊倒的企業。

華為能夠在這艱難時刻迎擊成功,歸功於在平時鍛鍊上打下的良好基礎,有別於傳統,即使在過去每回的變革,

1　市場上常見的是五層,但是在他晚年再更新提出了第六層。

與這次和美國的奮戰，皆有賴於積極的把文化灌輸給每一位華為人，部署打造了「需求理論第六層」的企業文化環境，創造了一支高能量的戰狼隊伍，雖不能遍及到讓每個人的自我都可處於這個層次，但起碼都能與這樣的價值認知產生共識，讓華為人能夠在愈艱難的情況，愈奮發合作，捨身忘死，更加的精誠團結。這種員工精神是很多企業所沒有的，由此不難得知，華為人平時定有比一般企業員工具足了更高的合作能力與效率。

有人說華為的文化色彩有點近乎於宗教信仰，而任正非就是佈道者，如同阿里巴巴的馬雲一樣。此外，真正讓人不可思議和讚嘆的是，能讓全世界 19 萬人近乎虔誠的去信奉其企業文化價值，這在業界確實是屈指可數。很多人應該會好奇，華為是怎麼訓練的呢？據張繼立總裁說，就是不斷反覆的「實戰實踐」這些商業常識，例如：華為重視的客戶的需求，訓練中不談什麼高遠夢想理想和理論，就是扎扎實實的把客戶的表面和潛在需要給滿足，讓客戶真正獲益，實踐「以客戶為中心」的基本教義。

張繼立總裁說道：**「華為沒有祕密，華為就是把常識做到了極致，就像宗教一樣，任正非就成了教父。」**華為就是把工作和這些商業真理充分融入了員工的平時工作和訓練。因此當華為遇到困難，不是高談闊論，只是更加用心著力於這些基本商業常識，把平時反覆說的，拿出來反覆地做，用實踐去證明這個文化價值。

　　檢視一般企業平時的內部訓練，多只是關注技術，忽略了文化及尊重各種人性，所以全公司上下沒有統一的價值觀。反觀華為，教育訓練和會議講話都是可以打造文化精神和凝聚共識的，因為只要員工之間有著共同的價值觀和信任，大家在工作上彼此的消磨就會減少，內部訊息的交易與管理成本自然比一般公司還低。

　　張繼立總裁進一步提到，「**華為還在 2,000 人的規模時，每個人都能彼此熟悉，無論在公司路上看到對方也能喊得出名字，當話題是談到處理客戶問題時，還能相繼的一擁而上，主動的去進入狀況。**」反觀臺灣現在很多的中小企業，寥寥數十人，則是對話離不開是非八卦。

　　張繼立總裁說：「**華為在 2,000 人內的時候，基本屬於人治，大家互相都能熟悉，很容易合作；人數到了將近 4,000 人時，很多人由於不認識了，所以出現了一些摩擦，這個時候公司開始引入工號文化，大概在 1996 年，根據工號確定都是華為戰友，就可以很好的協同配合；後來工號文化演變成為論資排輩的依據，公司在 2007 年便要求工作滿 8 年以上的老員工要全部換工號，又打破工號的論資排輩文化。**」由此我們可以知道，華為的文化建設，在每一個階段都進行了階段的改良。

　　分析華為的規劃訓練，不是只為了訓練職能，或是光學習一些理論和工具，更針對實戰，建立企業的語言、案例和共識，對華為來說，講知識不講實戰，就是主次顛倒了，

所以訓練的內容反而是次要的，真正的是從實戰中把商業常識落實，共同去解決大家問題，絕對要避免空談誤國紙上談兵。

「**我們常用的分析工具和方法，就是一般常見的魚骨圖、SWOT。很多企業學工具和方法的目的是為了給領導看，刷自己的存在感和優越感。華為學工具的目的是用起來，打糧食產生結果，不能促進生產力發展的方法都不是好方法，不能被大家用起來的工具就是無用的工具。**」張繼立總裁說道。因此我們可以知道，一般企業與華為的差別就是在「精神」與貫徹的差別，而不是表面的訓練內容。

以下簡單把對於華為的文化和訓練觀察做一個整理總結：在華為，**商業常識大於公司方向精神，公司方向精神大於各種價值取捨，正確的高價值取捨大於全體的共識，全體的共識大於彼此之間用的共同語言與經驗方法，共同語言又大於外面管理學的各種理論，各種管理理論又大於常見的管理工具方法，最後才是工具方法大於公司規定。**

這樣的主次關係，對大多數的公司而言其實是倒過來的，規定大於其他更有價值意義的要點，反而讓員工愈顯僵化，不會力求更大的進步空間，再加上大家僅守規定避免去犯錯，一味的呆板服從，導致企業往往要付出很高的管理成本，才能達到一定的效率和熱忱，而這樣規定至上的管理方式，其實很容易變得前後矛盾，在變化上牛步，錯過產業轉型變革的最佳時機，最後很可能只能從商場上黯然淡出。

變革為何總是無力

「**不冒風險才是企業最大的風險。只有不斷的創新，持續提高企業的核心競爭力，才能在技術日新月異、競爭激烈的社會中生存下去。**」任正非說道。這似乎是所有企業都懂的道理，但是能夠真正甘冒風險的又有幾人呢？

以下引用《下一個倒下的是不是華為》一書，由編委殷教授在企業無力症中談到四種現象，是企業變革中最具成敗關鍵的四個因素。

第一、投資風險。面對原本已經高收益、低風險的業務，突然要彎向可能高風險、收益未知的業務，決策者們都不敢貿然前進，如若出現問題，對於自身的工作職業與董事股東將難以解釋交代。

第二、權力結構風險。開發新的業務，勢必將會對資源與權力進行重新調整分配，對於原本傳統業務的結構將成為挑戰。

第三、物質利益分配。對於新業務的拓展，勢必對於物質分配結構進行變化，無論是投資分配、人力編制、考核激勵與資源獲得等，對於原本結構而言，絕對不希望被犧牲或取代，但對於新的業務結構而言，就是一種拖累，兩方進行鬥爭，往往在利益分配落定時，已經消磨掉最佳時機與士氣。

第四、就業安全感。變革中最常見的也最難纏的現實問

題就是員工的惰性抵制消極怠工，任何變動中，害怕的員工就會緊縮自己的行動力保持觀望，並且會渲染公司的經營狀況。如果公司沒有做好人力的妥善安排，就很容易演變成緊張的勞資糾紛。

　　只有在快速妥善處理好這四個變革上需挑戰的問題，並奠定預防性的深厚基礎，才能讓公司組織成為一個能「擁抱變化」的企業體質，否則，當面臨與日俱增的神速市場變化時，想必每次都會因為內部的爭鬥而元氣大傷。所以，華為能夠在這些風風雨雨中屹立不搖，就是在這些常見的問題上，摸索出有效的方法與對策；至此，我們才能借鑑於這樣的經驗，提供現今正處於轉型時期的企業組織，也能如同華為，跳脫束縛的框架一路成長，進而蛻變成一家立足世界的偉大公司。

世界上只有善於自我批判的公司才能存活下來

　　很多人都會說華為是成功的，但是任正非反覆強調：**「什麼叫成功？是像日本企業那樣，經過九死一生依舊能好好活著，這才是真正的成功，華為並沒有成功，只是在成長而已。」**任正非創立華為 30 年來，最常提出的就是企業價值觀，另外還有一大亮點，就是自我批判，所以華為的自我批判文化，是讓華為日新又新的核心關鍵。**「先於變革的，**

必定是自我批判」，更是任正非的先見之明。

自我批判是最違反人性卻又最科學的一種成長機制，突顯華為變革管理中最重要的一環，雖然華為對外表示他們的變革從來都是緩慢進行的，但是其中最鴨子划水也是最經典的部分，就是「**堅持自我批判**」。華為把自我批判作為最重要的「**自我糾偏的機制**」，全球 19 萬名員工每個月對自己的工作做一次自我批判，一年華為就能在人性的本質上進行 200 萬次以上的反覆運算和糾偏（亦即糾正偏離導正）。

人性就如同太極般有著陰陽對立的二面，是最光明也是最陰暗的。企業的運作，成是因為人，敗往往也是因為人，任正非無不在提醒著華為，千萬不要墮入「熵增」的惰性之中。他為了讓華為永遠保持活力，甚至帶頭開始使用起同業的高端產品，很多人問到，為什麼他自己用蘋果手機，他總稱讚蘋果的好，希望華為學習，其目的就是為了避免華為太快進入利潤和規模的極致，享受在光環之中，這樣的精神即使在面臨美國封鎖的時刻也不畏懼，因為他知道，只有戰爭能讓人警覺，華為的敵人從來都不是美國，而是惰性。所以，華為把自我批判作為優化和建設華為最重要的基石。

或許有讀者會好奇，為什麼是對自我的批判呢？不是對彼此批判會比較容易嗎？這個巧思看似尋常，但是卻不常見於其他公司。

人性都需要成就和鼓勵，這似乎成為人事管理中不成文的共識與默契，然而，被誇獎和成就感的頂端又是什麼？任

正非居安思危，深知如果為了讓員工感到愉快且自信而去提高榮譽與成就，終究還是有個頂端，然後就只能往下走了，這很可能是企業生命週期的至高點，也是持續成長的終點，因為人類的惰性總是伴隨著驕傲自大之後，一味的鼓勵和成就，勢必會把一個人的自信捧得過高，頂到了天花板終究還是得下來，所以，唯有自我批判就能做到「熵減」。

這個方式就能在不斷成長的過程中，同時伴隨著戒慎恐懼，在高歌昂揚的同時，抱持著虛心受教，而這其實也是中國傳統的易經之道。可見任正非的遠慮是一整個全域，若在管理上運用得宜，既能讓華為不斷的往目標持續前進，更在艱苦之中（華為公司的待遇是很高的，所以艱苦是在環境和情勢的營造）能夠不斷提升公司競爭力，又能避免提早落入企業生命的衰退週期。

不少產業界的企業管理方針，多少容易掉入人性的陷阱，不對自我批判，卻會對他人批判，這種循環終究會毀掉一家公司。每個人都會因而樹立更高的心牆，選擇好的規避壞的，逐漸在對立的情況下，彼此信任度就會大幅減少，以致企業反而還要增加更多的管理成本與時間。

華為知道只有「自我批判」才是最安全的，可以避免攻擊和詆毀，更能營造強者的環境，因為只有強者才會對自我批判，也只有自我批判才會成為強者。華為透過這個方式，徹底落實，在華為員工授功領獎之前，如果少了自我批判，恐怕這些獎勵都會大打折扣。

就是因為華為如此參透人性的盲點，在實施之後，形成了華為公司內部上行下效風行草偃的企業氛圍，淨化了員工的傲慢自我的心靈，不斷從個人來做到「熵減」。這樣的做法不但耗費的成本是最低的，進而帶來的效益也是最高的，如此可以減少很多企業內部因為情緒影響的效率不彰，而要做出種種的管理手段。

列舉至此，不禁讚嘆華為這些 19 萬名戰狼，並且從中了解，為什麼美國傾力聯合眾國都不能將之擊倒。好比東漢末年的官渡之戰，曹操以多年訓練培養出的青州 10 萬曹軍，擊倒了當時天下最大的袁紹百萬之師，當時最為樂道的是，謀士郭嘉以著名的「十勝十敗論」論之，奠定了曹魏的勝敗與未來的江山情勢。如今，美國到底能不能擊倒華為，我們不禁好奇後續的發展。

管理變革的關鍵是落地，
目的是多產糧食和提高土壤肥力

任正非曾說：「在管理上，我不是一個激進主義者，而是一個『改良主義者』，主張不斷地管理進步，一小步一小步地改進、一小步一小步地進步。任何事情不要等到問題成堆，才去做英雄彈指一揮間的力挽巨瀾，而是要不斷地疏導。即使別人誤認為你沒有抓管理的能力，也不能為了個人

名聲而去大刀闊斧。」

　　華為內部的成長，不是激烈的變革，反倒像清晨花朵的綻放，不會看到太多劇烈的瞬間，但是拉長時間來觀察，這個綻放是巨大、是翻轉的，而且絢爛。

　　任正非也進一步談到：**「我們這麼多年的變革都是緩慢的、改良式的變革，大家可能不感覺在變革，變革不能大起大落，不是產生一大堆英雄人物叱吒風雲就算變革，這樣的話公司就垮了。為了一個人的成功，我們萬骨都枯了。」**

　　「萬骨都枯了」這不就是大家常看到的變革結果嗎？總是讓企業體質臃腫到了不行，必須進行大刀闊斧的裁員和整併，員工才有了些許警惕。所幸華為平時有做好健身鍛鍊，自主控制，絕對不讓公司等到「熵增」的腐敗後，再進行檢討。他們在平時就做好了寧靜細節的變革習慣。

　　在傳統的企業組織裡，工作部門功能導向的組織型態非常不利於創新機制的形成，因為這種機制強調的是專業技能、部門職責和從上而下的責任體系。而華為首重的是以客戶與利潤目標導向去建立組織，關注的是技術、客戶和貢獻，所以是由市場拉動華為變革，並且由所有總裁及董事長從後面一起推動，成為不落掉任何一人的全員變革，沒有什麼「只屬於誰或哪個部門」的事，把危機與壓力傳遞到每一個人，每一道流程，每一個角落。

　　華為甚至對管理變革制定提出七個反對原則：

　　一、堅決反對完美主義。

二、堅決反對盲目創新。

三、堅決反對煩瑣哲學。

四、堅決反對沒有全域效益提升的局部優化。

五、堅決反對沒有全域觀的幹部主導變革。

六、堅決反對沒經過充分認證流程進入實用。

七、堅決反對沒有業務實踐經驗的人參與變革。

華為所倡導「**以奮鬥者為本**」、「**在艱苦中不斷奮鬥**」是中國大陸企業永不怠惰的精神代表，我們總以為他們激烈、激情、奮進，但事實上，華為的變革管理一直是在做深化工作。任正非推崇的是「**管理變革的目的就是要多產糧食、產生戰略貢獻和增加土地肥力，凡是不能為這兩個目的服務的，都要逐步簡化。**」所以，華為並非不斷在創造，而是圍繞為客戶服務創造價值來設立流程制度，做的更多的是精簡，不斷精簡的變革管理，才是最困難的。在企業擴大成長之中，還持續做到「熵減」，這真的是很值得給正在尋求變革管理的企業來深入學習。

華為認為公司最大的浪費是經驗的浪費

要能夠確保未來的成長性，華為除了「**自我批判**」，也與他們「**不斷總結**」的習慣也有很大關係，就是針對每次的工作案例，都會不斷總結經驗。任正非告訴大家：「**在戰**

爭中學會戰爭，在游泳中學會游泳。」通過編寫案例總結經驗、共用經驗，可開闊視野、有所發現、有所創造、有所前進，甚至還要把總結編輯成公告，放在華為發行的刊物中，以供其他人參考。因為任正非認為，「**不做總結，經驗只能留在你一個人腦子裡，沒有了傳承**」。華為必須透過「**訓戰結合，培養掌握綜合變革方法的金種子，播灑到各地去生根開花結果**」。

　　這部分一直都是傳統企業的短版，仍然屬於傳統功能型組織結構的企業，實戰經驗大都掌握在少數的高層主管，企業並不重視知識管理的內部傳承和訓練，所以可惜了很多應該收錄在知識庫的案例，在幹部一一離開後都已無法再回溯查詢。看重歷史經驗的華為，要求所有成功與失敗案例都能轉變成實戰和管理案例，並公開饒益所有人，所以任正非才會說，華為不是沒有人才，而是人才太多。綜觀這麼多年來從華為離開的人數算一算也有數十萬，不過華為非但沒有原地打轉，反而逐步成長，就是憑藉著把這部分的知識管理，充分地契入到所有華為人心中所得到的回饋。

第 10 章

團隊管理：
建立一個在風雨中有責任、
敬業和在艱苦中持續奮鬥的團隊

　　頗富盛名的日本軟銀孫正義先生本人有著獨到的投資心法，憑著精準的眼光成為日本首富，也因為如此，開始有不少人分析學習他的投資策略。他曾說道「**一流的主意，配上三流的團隊，還不如三流的主意，配上一流的執行團隊。**」從此可以知道，執行力是資本投資公司所看重的一項關鍵能力，也是創業團隊能否貫徹目標的要素之一，更是企業組織未來是否會成功的關鍵。

建立一個有責任、敬業和在艱苦中奮鬥的團隊

　　為了規劃讓華為從一個本土的皮包公司，轉型成為國際化的電信公司，任正非常年不懈的奔波日本與德國考察取經，他非常敬佩日本經營之聖稻盛和夫的管理哲學。對此，他放眼中國，深感中國大陸人民的文化層次與德、日還有相當大的落差，所以他認為，所謂團隊和文化的建立，絕對不能是一種「表面」功夫，一定是要有時間和決心的不斷積累，因此任正非數十年來一直為華為堆疊沉澱，秉持的都是往內深入地向下扎根的工作。

　　任正非深知只要這個思想的核心不變，避免「熵增」荒逸怠惰，華為就能穩定成長，而這其中的關鍵，就是如何建立一個制度、流程和「**持續不斷、有責任、敬業和在艱苦中奮鬥**」的團隊思想。

　　思想的建立在企業之中是非常重要的，在華為的演進成長期間，任正非不只一次面對管理團隊的大量出走，人雖離開，但華為堅守住了「華為魂和原則」。任正非為了建立一個真正屬於華為思想體制的流程與團隊，不斷反覆提升華為人整體的思維層級，進而挺過了無數次的高管出走危機，因為人的去向終究是會變動的，能保留下來的，還是管理最核心的精神文明與原則。

　　反觀很多成長停滯的企業，因為擔心未知的變動和風險可能會造成損失，所以大都會過份遷就於人事，公司決策容易被員工給牽制綁架；或者相反的，不把員工看作是公司重要的資產，只是當成作業機器和生產工具來對待，這兩者做法都是過猶不及的極端現象。剖析華為的管理哲學，就是把握好「中庸中道」的精神，既不偏左，也不偏右，隨時調整自己，一直努力往上和下拓展，往上提升企業和員工的思想及境界，往下深耕心智和文化基礎。

　　現今社會的企業體系其實很多都會忽略了這個文化和氛圍的作用力，戰國時代儒家學者荀子說「蓬生麻中，不扶而直」。團隊文化環境做得好，可以締造企業真正「選用育留」的免疫系統。當一個企業內的文化是強而有力時，自然能夠普及到員工，而且還可彼此互相影響效尤，成為一個循環不息的教育環境。相對的，少數價值觀不同者和偷懶打混的「豬隊友」最後也會因無法適應而自動離開，經由重新洗牌後，既然留下的都是認同和能夠堅持的戰友，對於競爭力

的提升自會有很大的幫助。

論語記孔子說：「君子務本，本立而道生。」任正非就是這樣深耕華為的管理，不斷深掘厚植建立一個華為的思想沃土，讓對的人成長茁壯，慢慢形成了華為 19 萬狼群大軍。**「企業不是要大，也不是要強，而是要有持續活下去的能力與適應力。」**任正非說道。

由於張繼立總裁是中國大陸多家上市公司的企業教練，所以在訪問張總期間，很榮幸和他一起參訪幾間上市企業。當時正值中國大陸在放十一長假，大部分的公司行號根本沒上班，但參訪的公司很多依然還有許多員工仍在工作。張總說道，**「這些員工都是自願加班的。」**令筆者感到十分驚訝，難道華為也是這樣嗎？張總回說，**「是的，都是主動自願加班的。」**為何中國大陸企業這幾年以如此驚人的速度在崛起，有賴於這樣高度自治的企業文化，也是筆者過去聞所未聞的，即便聽過，也沒有親眼見到過，自願主動加班的員工竟占絕大多數，基本上不可能，更何況是在一年之中最重要的假期。

這與前陣子的一則新聞形成了鮮明對比，先前有不少人在社群討論中國大陸 996 的加班文化（早上 9 點到晚上 9 點，一週 6 天），其中華為和阿里巴巴亦是被點名的指標。在此同時，中國大陸的社群網路上也瘋傳一則出自小朋友的反諷文，孩子和父母說道，「我們小朋友每天早上 6 點起床，下課補習到 10 點，就連放假也有上不完的才藝班，你看你

們大人多嬌氣啊！」而臺灣的網友也跟風藉此批判起臺灣的加班制度，不外乎是責任制的壓迫、爆肝、慣老闆養成等等，更加點出臺灣企業所面臨的社會問題，令人不覺唏噓感嘆……。

情懷和價值在管理中的意義

在中國大陸工作的近幾年，筆者也有明顯的感受到，中國大陸企業間的治理程度其實落差很大，有些公司管理制度的水準超前臺企很多，有的則遠遠不及。然而，優秀的管理做法皆有一個共同特質，就是把「企業情懷和價值」做得非常好。

倘若一個企業能確實做到「企業價值的統一」，就能消除內部很多的問題，推諉責任、分派不均、職場政治的山頭主義、利益結構、高階主管都會少得很多，自然能夠呈現出有序和諧的工作效率。這樣的情況固然有些企業也能做得不錯，但是「情懷」（出自《後漢記》，表示高尚真摯的渴求與志向）能做得很好的很少見，而陸企最出色的地方，就是能展現出這部分的特質。

張繼立總裁說道：「**情懷這個詞語是現在 90 後的年輕人特別欣賞的詞語。情懷是一種社會影響力，在華為企業中我們往往稱為願景和使命。這個願景是利他的，是跟自**

己的優勢貢獻相關的。華為最早在 1996 年確立了自己的願景──稱為通訊設備製造的領導者，這個願景太近太低，到 2006 年基本就要達成了，很多人就開始墮怠，開始無聊；這個時候公司認識到問題，重新討論願景，改成了──豐富人們的溝通與生活；後來 2018 年又改成了──把數字世界帶入每個人、每個家庭、每個組織，構建萬物互聯的智慧世界；這都是利他的，並且把華為的優勢數位通訊和聯結能力結合起來。」

「願景」是一種把一個組織與個人熱忱和動力激發到極致的核心關鍵，具有情懷、理想和願景的人，和只是庸庸碌碌過日子的人，在相同的薪資程度下，能力和功績其實會天差地別。不過，有「情懷」的人才出現機率大都在企業的創業初期，「情懷」能夠激發人類的潛能、靈感和力量，使得渾渾噩噩的人，也能變得閃耀奪目煥然新生，並能激起創業團隊彼此不計較得失、精誠團結。正常來說，大多數企業的創立初期，都是倚靠創始人的情懷開始逐一起步的，特別是產業中的佼佼者，例如特斯拉、蘋果和臉書等。在中後期，則需要企業用「願景」來團結大家。

人心在充滿願景的當下，是不會畏懼失敗和挫折的，當然也不會在意加班不加班，只要能完成理想目標，全部的身心都會投入進去。試想，為什麼華為人能夠做到自願加班，一定得靠著「願景」，而不是光單單「價值」而已。所以，華為是一個能把榮譽、責任、敬業變成願景和理想的企業，

30 年的歷練，使得規模大到有 19 萬人的企業仍能擁有豐富的理想情懷，保持在生命週期的前端，充滿熱情。縱使公司被美國利用強權包圍，也沒人退縮，甚至發生眾多已離職員工竟再次回到華為，加入戰鬥行列，這是多麼令人驚訝讚嘆呀！如果沒有情懷，只是有價值觀的統一，恐怕是不能做到的。

對於當時 996 的熱門事件，網路上當時亦討論熱烈，各有不同角度的高見，而阿里巴巴的馬雲先生也在其中做出了「有情懷」的回應，其中幾段回應是這樣的：**「今天我們擁有那麼多資源，我們帶著巨大使命，希望在未來能讓天下沒有難做的生意，你不付出可以嗎？不可以。所以我們說，加入阿里，你要做好一天工作 12 小時的準備，否則你來阿里幹什麼？我們不缺 8 小時上班很舒服的人，這樣的人滿大街都是。」**

「我們需要的是什麼？我們問你到這間公司到底想做什麼？是改變自己、幫助別人、實踐使命。」

「我希望阿里人能熱愛你的工作，如果你不熱愛，哪怕 8 小時你都嫌長，如果你熱愛，其實 12 小時都不長。」

「你選擇了今天中國排名第一的公司，排名第一是要付出代價的。中國有 5 千萬家企業，你不選其他的，選擇了這家公司，生活當然就不一樣了。」

馬雲先生亦對於 996 事件作出了回應，且不論觀點誰是對的，這是立場的不同，我們反該關注的重點是，這個事件

非但沒有出現阿里人大批的離職潮，反而更穩固了阿里的價值和理想，也可以說，這話是講給阿里人聽的，因為如果不面對外界的質疑及錯誤知見，很可能企業內部漸漸就會被外部的閒言閒語傳染，員工的意志生病了就會失去工作的動力和信念了。

　　所以在華為，責任和敬業是基本教義。華為的一位財務總監曾分析人性私欲，說道：「**人人都有私心，不願意奉獻。事實也是如此，找一個藉口來推脫責任，比承擔一個承認的風險小的很多。員工總是以為，『只要我不承認是自己的責任，老闆就不會炒我的魷魚』。真的是這樣嗎？一個人如果總是找藉口逃避責任，那麼他永遠不會有大作為，也不可能成為企業的骨幹、菁英，更不可能在事業上有更大的成就。**」

　　華為要求每個人都要學會負責和敬業，學會尊敬、熱愛、尊崇和敬畏自己的職業，失去這個做人的根本道理，就會變成組織內的吸血蟲，而且會互相傳染，直到讓企業變得臃腫腐敗而毫無生氣。

建立「推拉結合，以拉為主」的流程化組織和運作體系

　　華為雖然人多，但是組織不臃腫，機動性高，比起很多

歐美電信巨頭要靈活很多，所以一路走來成為業界難以擊破的強勁對手。這有賴於他們的組織是呈現倒三角，面向客戶的。任正非說：「**華為要把指揮所建在聽得到砲聲的地方，讓聽得到砲聲的人呼喚砲火支援。**」

　　華為依據基本法，在組織變革中，把總部編列作「支持、服務和監管」的中心，而不是傳統的「中央管控指揮中心」，實現公司組織靈活的機動能力，可以同時支援各個事業部，在國際多個市場同時進行攻城掠地。這個充分授權的管理文化，就是靠著華為多年來打下的高度信任為根基，所以能把權力和資源支配到各個戰場。

　　另外，能夠把總部的角色從管控中心向「支持、服務、監控中心」轉變，這個掉轉頭的過程，也曾讓華為在邁入國際化時歷經很多的考驗，但是在他們決心走向國際化後，就不斷以全球視野進行能力中心建設，來滿足作戰需要。這個看似只是一個組織變革的方向轉變，就實現了讓華為從本土公司，成為一個國際通信產業靈活的巨擘。這華麗的轉身，看似輕盈，但實不易。

　　為什麼現在大部分的企業都做不到呢？歸咎於根本，還是員工彼此之間的信任危機使然，造成組織嚴重僵化，而這個最具讓華為轉變的基礎，全然歸功於任正非能夠提早洞悉先機、見微知著，再加上經年累月所打下的根基。

　　張繼立總裁進一步說明：「華為強調組織的陣形很重要，面朝客戶的進攻性陣形，負責進攻性的是狼，負責支撐

的是狼，打下獵物一塊分，大家在一個鍋裡吃飯，為同一個目標而努力。華為認為獎金是掙出來的，而不是分出來的。」

利用這個靈活的組織結構，華為也能夠在戰場上充分的運用戰術和語言，把員工訓練出一批批的狼群突擊部隊。任正非說：「**將來代表處組織很精幹，主要是發現戰爭、策劃戰爭，主力參戰的野戰部隊，是協助當地組織實現目的。當代表處發現戰略機會點時，先頭部隊咬住，敵人動不了，大部隊包圍過去作戰，重裝就像瘋子一樣飛出去，幫助他們搶占『陣地』，使得公司整個組織編制是靈活機動的。**」

把產業競爭常常譬喻成戰場，一來也可以激起大家的危機意識，更可以引發大家的好勝心與團結凝聚力，三能讓華為人每一次面對工作都能持續保持高度警戒與戰力，讓作戰成本降低，卻能讓作戰成效提高。所以，這一次迎擊美國，充分地展現了華為全體上下不可思議的管理成效。

有人可能會想，這樣的組織形式，不就要擴增很多人嗎？是不是因為成本和管理層面過多，所以要到 19 萬人？任正非說道：「**華為的地區部要成為區域的能力中心與資源中心，有效組織和協調，代表處如果不是一個輕型的組織，那麼成本是非常高的，閒置的資源會腐化我們的整個戰鬥力，砲要打得好，每個代表處都要十幾個砲手，但如果地區部有共用平臺，那我們就可以共用一兩個砲手。**」

當一個企業在成長到一定程度時，管理者對於前線一定

會更加不熟悉，任正非因此提出了對策，「**企業在推進的時候，是中央權威的強大發動機在推，一些無用的流程，不出功（無績效）的崗位，是看不清的。拉的時候，看到哪一根繩子不受力，就將它減去，連在這根繩子上的部門及人員，一併減去，全都到後備隊去，這樣組織效率就會有較大的提高。**」華為改變組織方向，除了把組織的靈活度變高之外，還能運用這樣的方式，實現突破管理盲點，「**提高效率，不是要增加勞動強度，而是要減少無效工作。**」用簡單的準則，使公司的管理提高效率，正向循環不斷增長。

不斷學習才能因應未來的世界

華為因為內部競爭非常大，加上公司拓展迅速，因此內部學習氛圍非常濃厚，大家為了要提升自己，獲得更好的機會，都是不斷的在進修學習，「**善於學習是提升管理能力的重要手段，善於學習的管理者才能培養學習型組織，也只有學習型的組織才能從容的面對未來高度不確定的商業環境。**」這是任正非的領悟。

很多新員工都是從學校一畢業就來到華為，這樣的社會新鮮人，優點是沒有遭受過社會污染，如同白紙般，缺點是需要不斷補充學習新知和管理能力。所以，華為提供了非常多學習的機會，成就華為人不抱怨、並能自我約束、把時間

都放在工作和進修、不斷提升自己的效率和能力的風氣，在這樣的企業文化裡，既能共用又能吸收，集結了 19 萬人的知識力量，累積起來是很巨大的。

華為雖從一個銷售公司起家，也曾以製造通信設備為主要項目，但是，任正非知道，未來並非是一個拚搏製造速度的世界，華為必須在知識工作者的管理上更為著力，因為知識的價值，已經遠遠取代了過去勞力密集的年代，知識型的員工所帶來的成果更為理想。所以，在知識管理上，華為實現了從生產到知識的變現，因此華為連續多年在世界專利申請排名是第一的，甚至才剛發佈 5G 的商轉消息，就早已著手開始在 10 年後的 6G 領域作布局發展，在研發方面的速度，華為可以說是科技公司的效率之最。

讓人有足夠迴旋與犯錯的空間

融入斯巴達氛圍的華為，除了有嚴格的標準，是不是就不容許犯錯呢？其實不然的。大多企業能夠包容員工很多的小犯錯，但是對於一個大犯錯，往往都不能寬貸。

任正非是這麼看的。「**員工如果為了貪幾個小錢就給對手提供情報，出賣了自己的靈魂，一輩子都會背著心理陰影。將來升得愈高心裡愈難受，當到高級幹部更難受，對方一個小兵就可時時威脅您，您不繼續提供情報的話，就要揭**

發您，您當了 CEO，當了董事長，怎麼辦？各個代表處要約束員工不去做那些偷雞摸狗的事情，如果已經做的就跟公司坦白，不說出來以後可能還會做，說出來以後肯定不會做了。公司貫徹坦白從寬的原則，不會拿著這個軟釘子約束你。我們只有原諒一時誤入歧途的人，只要他們認真改過，我們也同等信任，才可能從對手那兒團結回更多的人。」

　　華為雖是一個嚴格自律的企業團體，但是「嚴以律己，寬以待人」，即便在各種檢查中發現幹部問題時，也會給管理幹部提出整改計畫的機會，讓對方自我反省、洗心革面，這是華為在現在價值觀混淆的社會中注入的人性，也是任正非的獨到之處，而其中皆在在顯示了任正非的寬大心胸，所以才能包容這個利益為上的現實世界。在他的言談之中，無不讓人折服，縱然很多美國企業在封鎖華為，但同時仍對於任先生的企業家形象及華為給予極高的評價與讚賞。而這點在競爭史和商業史上幾乎是絕乎僅有的了。

第 11 章

人才與績效管理：
尊重但不遷就人才

華為的人才濟濟，效率之高，一直都是很多企業所望塵莫及的，所以市場上最好奇華為的，莫不是如何管理人才的，赫赫有名的華為，在推進人才與增量績效管理上又有什麼獨特方法？

任正非認為：「**知識經濟的時代，企業生存和發展的方式發生了根本的變化，過去是資本僱傭勞動，資本在價值創造要素中占有支配地位。而知識經濟時代是知識僱傭資本，知識產權和技術訣竅的價值與支配力超過了資本，資本只有依附於知識，才能保值和增值。**」

又說：「**我們這個知識時代，它的核心就是人類創造財富的方式和致富的方式，發生了根本的變化。隨著時代的進步，特別是訊息網路給人帶來觀念上的變化，使得人的創造力得到極大解放。在這種情況下，創造財富的方式主要是由知識和管理產生的，也就是說，人的因素是第一位的，這是企業必定要研究的問題。**」

華為的人力資源可以說是業界內做得非常好的，引領了無數的企業作為標竿借鏡，最值得推崇的地方，也是一大創舉，就是任正非的說話集，充滿著他對於人性深刻的認識，以及在經營上的智慧啟示，可提供後輩做為管理哲學上依據的經典，也是難得的作品之一。任正非最常借用的案例，不是歷史，就是人文現象，即便談科學，都能萃取成精闢的管理思維，因而不難發現，他日夜不斷著墨的都是管理與人性，也因為這樣，華為在操作人性的管理，底蘊是業界非常

醇厚少見的，這也是華為最獨到之處。

什麼才是人才？

「這個人是不是人才」永遠都是管理者和人力資源界最喜歡討論的話題之一。基本上單獨來看這個問題，很可能是一個偽命題，因為這從來不能脫離「系統性」的原則來一起辯證思考。

人才與企業的關係是息息相關，如果一個人能把崗位的工作做好，認同企業的價值與理念，所作所為都是利於企業的，那他就是人才，就算只是一個清潔或總機人員。但是倘若這個人，不能遵從公司的理念、或不願意放下個人好惡與他人密切合作、抑或是思路都圍繞著自己的想法或利益，即便有豐富的學經歷，那非但不是人才，還很可能是敗壞公司的蛀蟲。

華為的一位財務主管曾說：「**人一生下來，就在向家庭和社會索取。懂事以後，抱怨父母沒有給自己好的物質條件和教育；到學校後，沒有好成績，就抱怨老師教得不好；工作以後，沒有比別人待遇福利好，就抱怨公司和主管。這一切都是『私慾』在作怪。**」這個現象普遍存在於現今社會，但大多的公司政策上都迂迴了這個部分，或者刻意營造良好的福利來迎合員工，照顧到全體員工。但是華為針對此一情

況，反倒提出了三高政策──高報酬、高壓力、高效率。

　　給付的工資高，但是沒有對應到該有的工作成效，就不能算是「報酬」，而是公司的一種固定成本。華為把薪資和成果緊密的綁在一起，員工待遇相當優渥，高於業界水準；但如果成效出不來，該員的直屬主管要降職或者減薪，這才是真正所謂的報酬。其次，因為報酬高，所以壓力自然也高，從這部分可以篩選出優秀的人員，再進行末位淘汰，這樣高績效人才自然就出來了，並形成了一種氛圍。

　　在訪問張繼立總裁的過程中，他提到當初到華為的第一次震撼體驗，藉此多少可以窺見華為是如何招賢納士。他說道：

　　當初到華為深圳總公司報到的第一天，是由到職 8 個月的同仁以「導師」的身份接待及介紹公司環境，在一頓大餐的宴請後，隔天「導師」就向他傳達了一個派令，公司派他即刻出差到蒙古去架設一個新基地站，都沒搞懂怎麼進行工作的他，就提著還沒來得及打開整理的行李，帶著基地站的說明書就直接飛到內蒙古去了。臨行前，『導師』告訴他，牢記公司的電話，只要有需要，他隨時都會協助他的。

　　蒙古人天性好客，看到華為公司派人來修理基地站，就先熱情的用好酒好肉招待，搞得他第一天酒席間頭暈目眩，只能回房昏睡，而根本不知道明天怎麼做的他，在凌晨三點時猛然驚醒，打電話給公司的「導師」同事，兩人就在電話中討論隔天怎麼進行架設工作。因為工作進展順利，蒙古客

人每晚幾乎都是盛情招待，所以他是每天於酒水之中深夜驟醒，然後和他的「導師」一起研究怎麼完成基地站建置，就這麼反覆在醉倒與深夜工作的狀態下持續了 2 個月，終於完成了這個基地站的架設工作。

完成任務之後，他在回深圳的路上感到疑惑不解，怎麼會有一家公司如此草率，會派一個才報到第二天的新人，獨自到遠地去執行一個還不了解的任務呢？心中還想著該如何提出辭呈，就在一回到公司，看到公司正門懸掛大大的紅布條「歡迎張繼立同志順利完成基地站架設任務」，加上同事們還在門口撒花熱烈的迎接，頓時讓他感到十分驚訝錯愕，只好悄悄的把辭呈收了起來藏進包裡。

在回到座位後，除了「導師」微笑的歡迎擁抱，他還看到旁邊已經收拾好的行李與行軍床。一時間他明白了，原來這兩個月「導師」是睡在公司和他一起完成任務，並且隨時準備好要去接替萬一不成的工作（聽說之前就這樣離開的已有數十人）。

由這個故事得知，原來這就是華為鍛造人的方式！或者精準地來說，這就是鍛造和選拔「狼」的方式，這家公司真的不一樣！

第一次聽到這個故事時，筆者亦感到十分震驚，這樣的選才及訓練方式在其他地方真的沒有聽到過，試想如果在其他公司，可能嗎？而且這套模式還能堅持成為了一種傳統。不得不內心感佩，而現今又有多少人能通過這樣的考驗呢？

　　張繼立總裁為此進一步說明：「其實這種練兵方式自古以來就有，從霍去病、岳飛、戚繼光都有，傳統的稱謂是，『用兵狠，愛兵切』。要敢於在戰場上選拔幹部，而不是在文案上找紙上談兵的馬謖們。華為是堅定不移的執行人才選拔制，而不是人才培養制。」

華為用人的「標準」

　　華為在用人時特別重視狼性，任正非反覆提到：「企業想要進步，就應發展一批狼，狼有三大特性：一是敏銳的嗅覺，二是不屈不撓、奮不顧身的的進攻精神，三是群體奮鬥。華為在人力資源上，必須不斷在落實這種精神價值，讓狼群留下來，淘汰羊出去。」從張繼立總裁的故事來看，華為這樣子的選人育人發展 20 年了，至今達到 19 萬人的這個人數，能不令人生畏嗎？（華為研發人員比例已經高達 5 成。）

　　任正非同時也提出這一群狼的合作中，絕對不能有個人英雄主義，要發揮狼的群策群力，他曾說：「我們需要組織創新，組織創新的最大特點，在於它不是一個個人英雄行為，而是要經過組織實驗、評議、審查之後的規範化創新。任何一個希望自己在流程中貢獻最大的、名留青史的人。他一定就會形成黃河的壺口瀑布、長江的三峽，成為流程的阻力。」

　　觀察現在很多企業，把權力和時間投注下放在少數的個人身上，而忽略了整個公司的升遷機制，這種方式一開始固然輕鬆，但是這些少數的管理高層，必定就會漸漸形成企業發展的天花板了。華為一直倡導「**勝則舉杯相慶，敗則拚死相救**」的合作精神，強調組織的成長與成功都不是一個人的功勞，也不會把榮耀往一個人身上貼金，因為這樣的教育與管理，這群戰狼們其實未曾向世人展示其驕傲過，所以得到市場與同業的敬畏和尊重。

　　華為對於幹部的任用升遷重視「**高層重德、中層重能、基層重幹**」的原則，要一路的往上爬，要經過三層階段的洗禮與昇華。最近一次外國媒體訪問到任正非，「為何華為不用國外有經驗的 CEO 呢？」

　　任正非回應：「**當然非常歡迎，如果有一位出色的外籍CEO，願意先從非洲第一線開始，一路歷練上來，並且認同華為的文化和價值觀，我非常樂意他一起加入到華為一起打拚。**」雖然任正非說這話的時候一派輕鬆自然，但這段話確實非常耐人尋味，也揭示了華為是如何真正打造這個「深淘灘、低作堰」的企業體質。

　　針對華為的基層人員，華為主要是關注「執行」。在這個層級所考察的重點為品德是否良好，守份守紀，認同文化與價值觀，能否不折不扣的執行任務，收到成效。

　　再來，對於中層主管，以前者為基礎，更多了考察其溝通領導能力，是否能執行高層指示，又能監督協調基層的工

作，確保任務完成。

　　囊括了以上，高層主管還要再加入考察其德性與智慧。既能領兵打仗、身先士卒、衝鋒陷陣，又要能謀劃思考，幫助企業決策、帶動成長、拓展市場、管理員工，有了以上的不斷積累，才能算是在華為扎實的立足了。所以一個外來的和尚，真的能領導這一群狼嗎？任正非的話真是語重心長！

逆向考察人才的能力

　　華為用人才評價薪酬，是採取從戰略逆向工程的，有一個價值分配體系。簡單來說，華為的工資是透明的，員工想得到多少報酬，都是根據他自身的意願和成果來決定的，如果完成了自己的承諾，就能如願得到原本預期的，甚至超乎預期，如果沒做到，就會降級減薪。

　　「你有能力，但是沒有完成責任、沒有達到服務要求，我們就不會給你肯定和高待遇。老是在技術上給予肯定，而不在管理和結果上肯定，那你怎麼會肯定更改一根螺絲釘、一根線的人？而對於那些別出心裁，卻只做出一點，沒有實質貢獻的員工，你卻認為他的能力很強，給予他高的待遇，這種價值評價顛倒，勢必會導致我們公司成本上升、效益下降。我們要推行正向鼓舞的考核為主，但要千萬抓住關鍵事件逆向考事，事就是事情的事。對每一件錯誤都要逆向的去

查，找出原因，加以改進，並從中發現優良的幹部。我認為**考核很重要，逆向的考事也很重要**。」這是任正非針對華為內部評價考核所給予的指導。

這個「**逆向考事**」的形式，把一般傳統企業的定薪方式做了逆向思考。以往的傳統，定薪的方式是根據年齡、學歷、經歷、工齡、職務和職稱來決定的，而且在入職前就已經估算好，所以，這個定向，必然導致員工不斷地去往這個方面努力，去累積個人的經驗資歷。但是，這不能完全體現與代表其工作的績效和結果。

所以一般的公司採取事後考核追蹤的方式，最常見的都是運用 KPI 評核，這會使得員工「不得不」去對得起自己的工資，關注的是量，而不是方向和戰略的長遠與正確與否。若達不到成績，或者事與願違，又或是更有利的誘惑，就會用跳槽、抱怨和推卸的方式來處理面對。

而華為是反其道，採取了公開的方式，它不是依據「人」來定薪，而是以「事」來定薪。這是透過戰略和結果，逆向分解成很多階段工作，然後讓員工自己選擇任務，選擇自己要達到的結果和報酬，把公司的資源、職位和薪餉用「功績」來進行結果分配；所以，這個定向，就會使得員工以「結果」來論成敗，公平競爭，而不是爭論事情的對錯與推諉上，產生了全員良性競爭向上的力量，讓優秀的人才得以發揮，當然也會淘汰了光用嘴巴虛應了事的人，整肅了公司的績效方向。

力行末位淘汰制

為了提振全體員工的積極性，華為更力行末位淘汰制，固定有 5％的末位人員進行淘汰。這個制度在華為起到非常有力的作用，讓優秀的員工得以升遷樹立榜樣，也讓怠惰人員不要有心存僥倖的心理，並且持續招募新進人才來刺激團隊成長與正向競爭，這一個「更新換血」的工程，保持了華為人的血液熱度與危機意識。

曾經帶領美國奇異公司最輝煌時期的 CEO 教父傑克威爾許（Jack Welch）曾說：「**有些人認為，把我們員工的 10％清除出去，是一種殘酷野蠻的行為。事實並非如此，而且恰恰相反，讓一個人待在一個他不能成長和進步的環境裡，才是真正的野蠻行進和『假好心』。先讓一個人待著，然後對他什麼也不說，任其墮落，等到最後出事了，實在不行了，不得不說了，這時候才告訴他『你走吧，這地方不適合你』，而此時，他已經浪費了時光，工作機會也有限了，還要養育子女生活上學，支付大量的房貸車貸，這才是真正的殘酷。**」

企業的公平，是做到競爭的公平，而不是資源的平均分配，如果對於優秀的員工不察，對於打混諂媚的人卻提拔，給予的回報和福利都均同，那才是真的不公義。這樣墮落的因子，就會在企業內蔓延開來，把那些積極的員工向外推，吸引更多的吸血蟲，一起有樣學樣，劣幣驅逐良幣，這樣企

業內部的士氣和競爭力必然會出現嚴重問題，自然就得朝敗亡而走，造成了雙輸。

　　人力資源的理想境界，基本假定只要懂得適性的選才用才，人人都是人才，也是公司的重要資產。這個假設看似沒有錯，但是忽略了人性的「私欲」，這個人性的設定若沒有明確的一起被考慮到，則會造成績效管理永遠是「上有政策、下有對策」的尷尬局面。

　　管理做得好的公司，必然對人性有深入的洞悉，也因為不同企業對於人性設定有不同的假設，所以有了不同的管理模式和系統，不同的模式自然吸引到不同的人。

　　如果一味的只做好的假設，或者壞的假設，都是過於偏頗、過猶不及。人性層次的高低，並非是屬性水準特質的差異。如果先只對人做好的假設，一旦用不好、處不好、做不好，不合拍就很容易變成了兩面刃，自我保護、爭名好利、巧取奪權在企業內部是很有機會發生的，更甚者搞起小團體豎起高牆，看似一片表面和諧的背後，卻是績效不彰，裡外皆輸。因此怎麼不「假好心」，透過洞悉人性，進行有效管理，讓這個管理現象不至於擁堵，而能順暢，螺旋向上，這也是企業不得不正視的一個重要課題。

　　華為能夠成功，確實對所處的環境和時代，所吸納進來的人才，都是有做過人性深入假設、考察與驗證。有的人會想，它的案例太成功，不足以參考，事實上並非如此。誠如先前所提到，華為是由一家小公司開始起步的，沒有資本的

加持，兢兢業業的靠穩健勤勉長大。雖然當時所處的時空環境與我們有些許差異，但是它對於問題、管理和人性知見的深入是何其珍貴。

要知道，我們思維的天花板，往往決定了我們人生的高度，以及必然遭遇的哪些窒礙，而這也是我們需要不斷學習及進取的原因，運用智慧來突破問題，而不是用小聰明去拒絕否定任何經驗的價值性。

任正非飽讀益書，專職務虛，無日不在思考這些管理哲學問題，所以，能夠把當時時空、環境與人文充分掌握，並善用人性，創造長遠不墜的華為，其氣度及高度真的是難得少見。

績效是從結果和客戶打分的

華為是一個重實際不空談理想的公司，任正非說：「**不能只講貢獻，人人都說貢獻，關注的是你的貢獻有沒有產生什麼增值？華為的每一個崗位設計，每一個流程，每一次會議，都要達到增值的效果。**」華為公司不和你談理想，只和你談貢獻，你的理想不是你的價值，你的潛力也不代表是你的能力，能夠為企業效益和客戶貢獻多大價值才是真正的價值，如果這個價值小於成本，就只是增加成本而已，因為市場是殘酷的，任何一個企業都不會重視一個無用之人，也不

會無端去增加不必要的成本。

　　華為一直堅持以「客戶為中心」的經營策略。在華為，一切工作的出發點都是圍繞著客戶打轉，而在績效考核方面也是依客戶的需求來設計，所以客戶的滿意才是最高指導原則。如果沒有遵循客戶的需求，那麼績效的設計也就無意義。張繼立總裁舉例說明箇中精神。

　　2007 年分管過一段時間供應鏈部門，當時供應鏈的考核 KPI 中有一條「訂單及時發貨率」。這個指標聽起來很不錯，但發出貨就能確保客戶一定能收到嗎？發出貨就能保證客戶滿意嗎？發出貨就能保證一線能實現開工嗎？這典型是以自我為中心，所以出現的現象是很多發貨員為了完成 KPI，貨物沒有備齊套就發，事後再通過空運進行補貨，又浪費成本，一線還窩工，客戶還不滿意。

　　我去了以後把考核 KPI 改成了「客戶滿意度簽收」，一下子就把項目的效率提高了 2 倍以上。這就是把考核 KPI 導向從「以自我為中心」向「以客戶為中心」調整的效果。

　　不少企業的員工都會因為錯誤的考核機制，而不斷地做出無用之功，以為只要埋頭苦幹、做好了崗位工作，就是好的員工，卻忽略了實質效益，只要求「量的增加」，卻忘了「質的本意」。華為認為一切沒有在實質效益上產生作用的工作，都是無效的工作，一切不圍繞客戶的工作，可能更是南轅北轍，所以不能搞清楚這個方向，是很多企業在績效考核上最頭痛的問題。

　　華為早期曾在一次沒有以「客戶為中心」的失誤，讓原本可輕易取得的標案拱手讓人了，這帶給它們很大的省思。1998 年，華為在中國聯通的 CDMA 通訊技術招標中落選。當時 3G 的產品有兩種版本，一個是 IS95 的舊版本，另一個是 IS2000 的新版本。當時在招標前，公司的項目組與研發團隊多次會議，研討分析出 IS2000 是可以相容 IS95 的版本的，所以投入大量人員和資源去進行研發。但是，後來中國聯通還是選了 IS95 的版本，華為落選了。因為客戶考慮 IS95 的版本雖然舊，但比起 IS2000 來，很可能更為成熟穩定，IS2000 可能會帶來一些隱藏的問題。當時的華為可以說幾乎傾全部的心血去做這個研發，結果與客戶的需求南轅北轍，根本忽略了客戶最重要的考量，最後全部心血付之一炬。

　　這次的經驗讓華為進行了痛定思痛的檢討，後來在一次新型基地站的開發從一開始就加以慎重。當時華為的微蜂窩基地站，因為覆蓋面窄，不能滿足客戶需要，銷售量持續下滑，華為的專案團隊特地進行多次調研和求證之後，才進行有效的改良，增加了擴容性好、功率大、覆蓋面廣的設計。此次沒有盲目的創新，一推出就針對客戶的真實需要而獲得客戶的支持，新產品一推出，就賣出 2 億美元的成績。

　　所以，能不能圍繞客戶去進行戰略解碼與績效設計，就會決定了團隊航行發展的方向，企業不可不慎呀！

第 12 章

專案與目標管理：
目標任務，立即轉成具體、可實現，細化和量化

專案制看起來簡單，
但做下去，在海底下不知道死去多少英豪

中國的工商業歷史發展，從改革開放起算不過三十多年，真正歷經職場的輪替還不足三代，所以，在過去的中國企業，存在著濃厚古代官場與共產文化下的色彩，很多工作上的習慣與現代化管理有著天壤之別的差異。華為過去就是在這個時代下開始萌芽，一路「摸著石頭過河」，探索著「活下去」之道。

在華為由本土公司邁向國際化的路途上，有個精彩的里程碑，就是從過去以傳統功能型企業組織為中心，轉變聚焦以專案為中心。

華為在導入專案管理之前，內部也不乏呈現出一種整合上的混亂，雖然幹部們很勤奮，彼此也懂得團結合作，像一群狼出征去打獵，但就打不出規模來，有時候耗費大量人力時間精神只獵到一頭鹿；直到締造出以專案為中心的思考與模式後，華為的效率才真正開展出來，所有的戰術定義了清晰明確的打法與戰術，狼群們開始分隊，發揮出最佳戰力，收穫就倍增了，華為也因為這個系統，開始高速成長。

華為的專案制度，是以「**客戶為中心**」進行質變實現的，這種「以客戶專案為核算指揮中心」的方式，比起現在流行的「部門單位為核算中心」的機制更為靈活，也比以「市場為中心」的機制更為貼近客戶和準確。

　　張繼立總裁目前是眾多公司的高管教練，輔導過非常多知名企業，根據此制度，他語重心長的說道：「**有些事不是華為，還真的沒辦法一下就做得來。**」這話是其來有自的。

　　華為公司的企業體質底蘊扎實，員工資質涵養深厚，雖然這個機制看似簡單，但光從「傳統功能型」轉變成「單位核算」，本身就是很多企業重要又困難的一個坎，如果前線沒有高度的素質與自律，始終會因為權責失衡而延伸出許多弊端，所以才要進行中央監管。

　　倘若要實現將第一線變成中心，除了員工的文化及忠誠，這個企業對於前線必須有極高的信任和默契，因為這個權力和習慣的轉換，沒有經年累月的提升與穩健的經營，這個「掉轉頭」的功夫，很可能就會把企業多年的運動習慣、四肢和身體給四分五裂了。

　　想必大家都知道管理學當中最經典的豐田式管理，加上現在大部分企業也因為產業升級紛紛導入了各種 ERP 系統，這些都是非常優秀而且成熟的管理系統與模式，但是為什麼大部分到最後卻是得不償失，或者要等到多年以後才能回收這筆投資呢？看似立意良善美好的現代化管理，為何會遭遇那麼多的暗潮洶湧與逆風大浪？

　　這都是因為變革管理前，平時沒有打下深厚的基礎無法適應，停留在舒適圈裡的員工已然變得僵化，深怕多增一分能力就得多加一分責任，不願學習新技術，也難以培養新習慣，公開透明的數據會使很多過去陳舊的問題和舞弊之事浮

現出來，還有可能會危及到個人的工作、利益與責任。

　　為此，華為在這方面的變革，走得比很多企業穩健，因為在思想和體制上，平時就不斷給員工這樣的文化洗禮，體制也是平衡高效的，但一般的企業管理對這方面是輕忽的，所以，一旦要執行思想的改變，就和行為形成表裡不一。

　　以下用個故事，簡單比喻這個制度的調頭轉型。如果一個人投資一家小餐館，以人員和設備的成本來看外場（用餐區）與內場（廚房）的投資比例，一般都是內場的廚房成本較高，所以老闆大都會重金請一個好的大廚來控制內場的菜品與管理。這個情況，就代表了早期很多中國大陸工廠注重的都是後端的研發、財務和生產，老闆就是最大業務。

　　因為中國大陸剛開放時，生意很容易做，基本上口味只要不差，不愁沒有客戶。但隨著市場競爭愈來愈激烈，一條街道就開了 7、8 家餐館，這時候老闆才會發現餐館競爭力的關鍵，不能一直只有收入進來，因為造成浪費的支出更甚為巨大，所以重心不再只是內場了，外場變得十分重要，於是老闆尋求 3 位顧問的諮詢，分別是「豐田式管理」、「京瓷阿米巴管理」、「華為狼性管理」的 3 位管理諮詢顧問。

　　接下來再以簡單的故事來譬喻說明這三者的分別。第一位「豐田式管理」的顧問，提出由外場來控制採購，不讓餐廳有過多的庫存、人力和消耗，有點單再煮菜，不要每天丟棄備菜，讓餐廳的金流能控制得很健康，可以說是節流的一種做法。

　　而第二位「阿米巴管理」顧問，則是提出讓內外場進行單位獨立核算的競賽，外場就會努力的向客戶介紹菜色和提供貼心的服務，同時解決客源和提升服務品質的問題，當然內場也解決了浪費與廚師的管理問題，把餐廳的兩個環節變得更有競爭力。

　　最後第三位「華為狼性管理」顧問的方法，首先，會先派外場人員到附近的重點辦公區和住宅區做市場調查，並且和潛在客戶實地對話，找出這附近消費頻次最高的食物是哪類，然後再請廚師設計產品，做成快煮包，降低店面與投資成本，並創立一個新的餐廳品牌，然後才進行廣告宣傳，引入客戶，再逐步變成熟客，漸漸成為一個當地人吃飯的口袋名單。

　　新品牌成功後，華為顧問再訓練外場員工成為區經理，讓他們配有餐廳股份並且獨立核算各區成績與成效，運用這個靈活策略，把市場都先占領了，然後再進行區經理業績競賽調動，並且將原本內場廚師都遷移到中央廚房，配合前線進行更多品牌有效的菜式開發，並且讓他們也享有一些股份與獨立核算，這就是「以客戶為中心的狼性管理」。

　　以上前兩個管理模式都是出自於餐廳內外場，第三個也有自己的餐廳內外場，只是場景和切入的角度不同，沒有誰比較好的問題，三者在很多公司也有併行的影子，這些差異也與當時的時空與產業遇到的時代背景有很大關係。華為的狼性管理是後於這些管理模式，也得益於前面這些管理模

式。它是一個完全跳脫出品牌企業與工廠格局的創新嘗試，這個模式讓一隻大象不只變得會跳舞，它就像《西遊記》裡的孫悟空用自己的頭毛，吹出很多小孫悟空一樣，在進行質變。

由於科技公司的員工人數不比故事中的餐廳少，龐大組織要進行靈活變動是很困難的，以往沒有幾家中國大陸公司可以做得如此成功出色，甚至於把國際間的競爭對手都趕超過去，所以，華為從一個代理銷售公司開始進行轉型的歷程，確實有非常多地方值得學習參考。

日前，任正非在一次接受美國媒體 CNBC 的專訪，回應記者他是屬於什麼樣的領導和管理風格。任正非提及：「**我的管理風格是妥協，不是很強勢的領導，非要按我的意見辦。我的意見會說出來，如果大家反對的話就修正，修正完就貫徹執行，這個修正的過程就是妥協，不是堅持，一味的固執己見。因為我不懂技術，不懂管理，也不懂財務，所以我能聽得進大家的意見。**」

這段話非常耐人尋味，這些都不懂的任正非能打造如今的華為？他 30 年孜孜不倦的到底致力於什麼呢？從他的談話裡，以及華為的相關文章之中，我們不難知道，他幾乎都是在做分析思考，如何優化員工和公司的層次，讓華為經得起未來更多可能的風浪，這個部分常常被很多人忽略，任正非「鴨子划水」的謙沖自牧，真的是百年難得一見的企業家。也因為樹立了這個基礎標竿，華為在整個組織的變革轉

型中，能夠較為順利的完成每一個階段的升級改造。

專案管理是經營管理的基本單元和細胞，讓前線就能領導組織專案

任正非說：「未來的戰爭是『班長戰爭』。華為過去二十幾年，一直採取中央集權的管理方式，為什麼要中央集權呢？就是要組織集團衝鋒。為什麼要集團衝鋒？因為我們火力不強，所以要集團衝鋒，搞人海戰術，近距離地集中火力。而今天，我們的作戰方式已經改變了，怎麼抓住戰略機會點？這二十幾年來我們向西方公司學習已經有了很大的進步，有可能一線作戰部隊不需要這麼龐大了。流程 IT 的支援，以及戰略機動部門的建立，未來有可能通過現代化的小單位作戰部隊在前方發現戰略機會，迅速向後方請求強大火力，用現代化手段實施精準打擊。我們將一線組織功能歸併與分拆的權利，在一定範圍內授予一線作戰部門主管，使其能夠適時變換隊形，靈活指揮作戰。」

華為進行專案制的時間已經將近 20 年，在 20 年間，這個專案制度「逐漸」在進行更為靈活的質變，讓華為的市場機動性更加提高。亦即接到目標任務，立即轉成具體、可實現，細化和量化的專案管理。

華為把專案管理分為 10 個模塊，每一塊都清晰地指向

專案管理中的一個重要環節，以要言之，華為在挖掘客戶的需求後，會迅速建立專案團隊進行工作分析，強調專案一定要清楚的圍繞客戶需求去進行設計，不能做白工。一旦確定需求後，再把專案進行重要的 10 個步驟的梳理。

- **步驟** 1：**把需求進行具體化的過程**。讓客戶的意見變成具體可實現的服務、功能和產品的方案，然後準備進行專案會議討論。

- **步驟** 2：**挑選人員**。華為注重人員的協調溝通合作，強調並非最優秀的一群人合作，效率就最高，必須挑選出效率與搭配的適合組合，確保未來工作的品質。

- **步驟** 3：**進行可行性與風險計畫**。清楚地讓所有專案參與人員知道這個專案的困難點與重點，並且把所有可能的風險羅列出來，並充份做好未來的應對與準備方案。

- **步驟** 4：**變成可實現的技術與產品設計**。再進一步，專案人員評估如何變成商品化、批量化、便於未來的生產、市場和服務與維護。

- **步驟** 5：**分解細化工作**。把方案細化變成多個模組和階段，每一個階段和工作，一級一級的分配下去，交給所有階段和模組負責人，並進行組織結構的說明，讓每一個人都很明白的知道彼此與階段工作。

- **步驟** 6：**規劃專案團隊的結構責任、權力、規模與資源**。專案進行並不是人愈多愈好，太多人反而會變成「三個和尚沒水喝」的情況，所以，專案經理會進行權力、資源和

責任的組織圖說明與分配，讓大家能夠確切知道自己的任務、彼此的擅長與工作、負責對接的窗口、提供支援的協助等，確保專案進行的效率與順暢。

- **步驟 7：確立制度嚴格執行**。華為力行討論時寬容開放，執行時嚴格要求，一旦確定了合作方式與前面的程式，所有人都必須嚴謹遵守戮力進行，不能再要求打折。

- **步驟 8：把所有的數據清楚定義出來**。特別是對於每一個階段的時間、數量、質量標準進行具體的明定，讓每一個工作節點與驗收確保清晰準確。

- **步驟 9：確保專案的溝通、狀態與會議清晰無礙**。在專案進行的過程中，專案經理要對會議和專案的狀態隨時進行檢查與報告，讓各個成員清楚知道彼此專案的進度及狀況，而且溝通協調順暢。專案經理並同時扮演教練的激勵者的角色，不斷鼓舞推進工作，讓專案確保順利完成。

- **步驟 10：復盤總結**。把經驗和教訓轉變為後續的組織能力，華為強調專案要不斷閉環起來，避免耗散。

華為嚴格執行專案管理多年，訓練成千上萬的專案管理人員，也讓華為逐步從傳統的功能型組織，漸進往更靈活的專案管理組織成功邁進，華為人對於全球布局的專案調配與支援也已經習以為常，所以市場機動性特別高。

實行專案全預算制和資源買賣機制

自 2014 年以後，華為開始進行嘗試活絡的組織變化，希望組織更為快速有效率。張繼立總裁進一步為之說明：「**任正非要求企業的財務系統升級，從會計中心到經營中心的轉變，對財務的預算、測算、核算都能深入到專案層面，把人、事、財都能轉化為財務語言進行管理。所以華為每一場變革，無論是研發 IPD 變革、供應鏈 ISC 變革、銷售 LTC 變革、以及指揮權下放到一線變革等等，都會涉及到財務的配套變革。**」

任正非認為：「**我們最終的改革要從以功能為中心轉向以專案為中心。以專案為中心，專案經理有計劃權、預算權、結算權，專案費用在專案經理手上，專案經理根據專案需要去買砲彈數量。不能為客戶創造價值的流程是多餘流程，不能為客戶創造價值的組織是多餘組織，不能為客戶創造價值的人是多餘的人，不能為客戶創造價值的動作是多餘的動作。這樣，華為公司臃腫的機關情況就會得到改善。**」

現今的華為是國際化的巨型集團，本該是一隻臃腫的大象，但是，透過分解以「十人為一班」的目標方向，逐漸在往更為靈活的組織進行質變，相信以這樣的方式進行質變後的華為，華為會化身為更「令人害怕」的群狼企業體系，分工成為數萬個狼群。

為了實現這個長期目標，任正非更進一步要求：「**要**

把平臺預算和專案預算分開。一定要將平臺費用控制在一個最低的基線，平臺運作就是要貫徹『高效、優質、低成本交付』的目標。平臺幫專案做事，就去跟專案要錢，從專案預算中把相關的預算要來。在這種情況下，平臺會想辦法把費用擠到專案中去，專案經理也會嚴格控制專案費用的發生，這就形成了矛盾和平衡。我們現在要建立這個機制，核心就是機關為前方服務，向前方要錢。」

華為逐漸採取部門「兵部」進行專業的「養兵」，經由專案經理這個「武將」妥善「用兵」的模式，依靠市場的狀況與機制，專案經理只要對部門施行「調兵」，讓各部門不再走擁兵自重的思考路線，而是以市場、戰場和供應為首要，進而提高專案作戰充足的支援與戰力。

之後各部門只要對於人員，進行公司職能有效的統一評價體系與價格標籤，提供給專案經理合理的定價，就好像一件件商品擺上貨架展示，專案經理根據專案需要，去貨架上進行採買，找到專案完成需要運用的理想人才，然後透過部門資源經理來購得。

於是，被購買的人才分配到專案中工作並交付任務，待專案結束後，與部門資源經理進行結算和釋放，並回歸到貨架上，等待專案經理下一次的購買。這也許是專案制中，部門之間資源交流利用的一個最佳場景，讓全體員工的資源使用率、專案經理的執行和預算、資源部門的資源復用率，與驅動資源可以快速的流動。

優秀的員工得以通過資源調配，不斷集結到重要專案之中，從而獲取更大的利益效率，無法勝任的人則在長時間不被調用後逐漸淘汰，實現成一個正向的動態循環。透過這樣的專案制度，確保華為未來能夠維持一個不墜的組織，擁有更靈活敏捷的市場競爭力。

第 13 章

執行力與細節管理：
用活的流程保證執行力的貫徹

當員工過於強調行為和思想自由，就會漸漸忽視對客戶的利益與規則，一旦員工開始不遵從規矩和制度來做事，只是依照自己的心情，就會開始挑戰規則，彼此還會互相傳染這種氣氛，那麼公司的規定也就會逐漸變成千瘡百孔形同虛設。而華為在成長也曾經歷這些過程，更由於種種案例的情事出現，敲響了華為的警鐘，深切體驗到教訓的華為，領悟到「只有按照流程規矩辦事」才能確保最後有效的品質。

華為的成長是一本企業發展的掙扎史，它的出身和環境，從任正非的艱苦創業開始，一路充滿挑戰和荊棘。在這個競爭劇烈、產業動盪的環境與時代之中，它的體制和生長速度，也在三十年之間不斷的變動。或許在外人眼中它是光鮮亮麗與成功，但是華為人從來沒少過在這變動中，不斷的調整和升級。

因為人員的不斷增加，問題和工作法的不斷改變，華為對於管理上的摸索，其實付出了昂貴的學費與代價，而最不可思議的是，它在教育訓練和管理諮詢上的投入特為尤甚。

華為在邁向制度流程化的過程中，任正非到過很多國家和企業去學習考察，深感華為過去的問題就是缺乏制度與流程，故堅持導入 IPD 系統，華為也曾經因此面臨業績下滑、流失很多技術和管理幹部、受過各種的內部批評，但是任正非始終沒有放棄，他表示：「我們一定要逐漸擺脫對技術、人才、資金的依賴，只有擺脫了這三個依賴，才能做到科學的決策。」於是在風雨中，任正非用最大的決心，誓死要

把華為晉升到更有價值的管理層次與境界，脫離過去混亂的人治，把華為變成一個能迎接未來「制度和流程」規範的公司。

通常企業在經營管理中會進行各種制度的探索，也會試行一些成熟的管理技術，表面上的導入模式與華為不無不同，但是任正非有著更為強烈的意念，用數十年磨一劍。

任正非奉行「**華為在管理改進與學習西方先進管理，方針是『削足適履』，對系統先僵化，後優化，再固化。我們切忌產生中國版本、華為版本的幻想。5 年之內不准任何改良，不允許適應本地色彩，即使不合理也不許動。5 年之後把國際上的系統用慣了，再進行局部改動。欲於結構性改動，那是 10 年之後的事了。**」

這一段話徹底體現了任正非的堅持，勢必要把華為帶入國際化的管理，這樣的動機遠比這個系統本身更具意義，華為就在動盪痛苦中正式邁入了國際化階段，也就此開始脫離了人治，秉持法治以及制度流程，並成為華為全體所依歸的準則，也因為這樣，人數和規模進而不斷成長，增長到 19 萬人之多。

流程之後進行了細節的固化，確保執行力輸出

一個企業的執行力，來自於它的反應速度與細節，在穩

固系統之後，很容易就會漸入一個僵化的狀態，但是，這在華為並沒有發生，為什麼呢？執行力要強，是要「緊靠」制度和流程，並非只是「倚靠」制度和流程，光一個「有形」的制度，就能管理好「無形」的「人心」嗎？人心難以捉摸，在沒看到的任何一處都會產生風險和損害，當然也不能草率的妄想，有了清晰的制度流程，人心就會依附上去，事實上要挑戰的只會更多。

一位服務人員的情緒問題，很可能會毀了一家企業的形象；一根毛髮的掉落，很可能會破壞了一家店的口碑；一顆螺絲沒有鎖緊，可能會造成一個工程崩塌；一條線路沒有接穩，可能會影響區域的系統運作。現在由於網際網路的普及，企業經營的風險可能隨時都會因小事而蔓延開來，爆發成一個扳倒企業的事件，所以，如何確保這個流程和制度，能夠被全員確實「用心」的落實才是關鍵，而不是把管理責任和品質意識歸在少數人手裡。

張繼立總裁進一步解釋：「在華為，流程是有生命週期和時效性的。流程是對過去服務於客戶的經驗固化，是為了高效，不是為了僵化執行。在經營過程中要不斷的優化流程，讓流程升級，而不是僵化的執行流程。華為每年都要對老的流程做升級，絕不能讓『刻舟求劍』的思維影響了公司的運營效率。」

華為在管理上為了力求追上日本和德國的文化和企業，汲取了大量的作戰思想和軍事管理來追趕和學習，無論是管

理規定與專案規定，都是明確嚴格的制定很多條款，大到公司形象的保持，小到辦公桌的清潔整潔與規範，這些規定確保了華為人的行為準繩。

但是，真正讓華為快速成長的不是這些有形制約，關鍵是人文，為了要能讓數百年的「差不多先生」的血液基因，從華為人身上去除，不受到大環境「浮躁」的影響，華為不斷致力於打造一個華為人的人文思想環境。任正非說：「**治大國如同烹小鮮，我們做任何小事情都要小心謹慎，不要隨意破壞流程，發生連鎖錯誤。**」

華為的高管工作常常是「務虛」的，思索與復盤華為的大小事與問題，就是他們最重要的工作，這些工作成果，是不斷推動華為升級改造的重要「氣脈」，而這是其來有自的，華為時時都在復盤。

華為曾在一次的出貨發生了，因為沒有注意到細節，誤把故障的機器當成新機器，交付給了客戶，後來被客戶發現問題，公司當時對於危機的處理，是打算用新設備把舊機器換回來，減少合約上的履約賠償問題，但是任正非卻說：「**不要換，輕易的換回來，就不能讓大家知道事情的嚴重性，也不會痛，學不了教訓，我要讓他們痛一痛。**」後來這件事讓華為付出了巨額的賠償。

事後，華為在復盤總結中也深刻地牢記下這個案例。從此我們可以知道，任正非的企業家胸懷有多大了，他寧可犧牲利潤利益，也要讓公司和員工全體學到教訓、記取教訓，

境界自然就能升級，為未來的華為寫下一則品質管理的篇章。

執行力毀於細節缺失耗損，執行力要做的好，就要在對人和對事的品質上長期打磨累積，絕對非一日之功。一般傳統型組織結構的公司，在流程上容易沒有明顯串連，彼此只負責一部分的品質，所以出了問題就會互相推諉責任。華為經過多年不斷的犯錯和總結領略出心法，一個企業只有在「把細節品質管控周全」，所做的優化和運作才能夠穩固。否則，無論它的表面多亮麗，都可能是暫時的煙火，因為內部很可能早已充滿腐敗，只要一點點風險的火苗，很可能就能讓巨擘轟然倒下。

因此，要確保一個龐大的集團能夠運作順暢，十幾萬人必須都要有細節與質量意識，確保每一個步驟和元件都能達到標準，也就是每一個人都能確保工作上的質量與標準，才能形成一個企業的系統工程與力量，這其中的行為和態度是缺一不可的，因為這才是達成標準的根本之道。

日本和德國有這樣的民族文化，中國沒有，華為只好自己打造，把文化灌注到細節，並奉為圭臬。也因為這數十年的累積和磨鍊，才能成就華為現在凌駕於全球的品質形象。

專案確保全員的責任與工作清晰

倘若為了確保品質與執行力，必須由管理與稽核人員來

進行監督品質與細節，就會增加很多管理成本，巨大的工作量將會使管理人員專注於內，變成人盯人戰術，而逐漸忽略外部市場，成為封閉的企業環境。

員工對於自己工作的熟悉和負責是基本，如果長期讓管理人員和稽核人員進行督導，就會使基層人員忽略了自己原本職務的工作要求，所以，把責任和權力放在少部分人身上，一定是個誤區，管理一定要轉移到全員身上，提升全員的崗位素質，讓全員都有參與感、都有成就感，變成一個全員參與的品質管理工程。

張繼立總裁進一步說道：「**華為強調讓各個幹部清楚工作的角色職責，勝過清楚工作的 SOP 操作指導書。因為 SOP 是對過去的經驗教訓總結，而角色職責是為當下的客戶產生價值，面對不同的客戶，我們的操作方法可能不同，但我們服務於他的職責和定位是不變的。**」

另外，華為在專案管理進行時，專案經理會把整個團隊細分成多組，5 到 6 人一組，避免人多，導致責任失焦。組別分為研發一組、二組，業務一組，再從中立一位組長，由組長把所有組員各別的工作分解成數小時為一個單位，每天向專案經理匯報進度與內容。

華為不是單單倚靠一位專案經理，而是讓全員共同參與專案，每個人的責任單位清晰分配，可提高個人的責任意識與效率。然後由專案經理訂立獎懲制度與榮譽，組長和專案經理負責記錄每一個人的工作情況，再詳實的登錄，以作為

結案時的重要晉升與考核的參考依據。

當然這一個專案登記，也可以作為未來工作問題的一個逆向工程參考。華為是非常重視復盤檢討的一家公司，過去的經驗都被視為重要資產，除此也廣設交流園地，讓大家彼此交流工作經驗，特別是負面經驗，常常都是重要教材。所以，每一個挫折事件都會被詳實記錄和排查，從此也能知道當時的問題是怎麼產生、哪一個人負責和疏漏了哪一個環節，從這些檢討之中，也可以激發所有人的品質意識。

做好時間與注意力管理確保執行不偏誤

要確保執行力，就要確保專案裡的相關人，投注足夠的時間與注意力於其中。張繼立總裁說：「**華為曾經做一個內部的注意力調查，發現即使每天工作超過 12 小時的人，一天之中能保持專注的時間，也不足 2 個鐘頭。**」所以在華為有 10 個小時，時間都只是碎片化的利用。因此能否把所有的事情，按照輕重緩急的分類依序進行，決定大家是否可以順利的進行與完成各項工作。

一般企業的員工，特別是高管，每天的會議時間和代辦事項非常多，愈是集中注意力於某些事，其他事愈會像急件般一一出現，常讓人失去判斷輕重緩急而疲於奔命。何況是華為，不難想像華為人的工作和壓力極大，因此所有人都要

學習怎麼去管理時間。

華為透過「四象限法則」，把所有工作放進象限之中，進行分類揀選進行工作。

對於重要又緊急的，編列 A1、A2、……優先馬上處理。

重要但不緊急的，編列 B1、B2、……主動規劃，預留出閒置時間專門處理。

不重要但緊急的，編列 C1、C2、……選擇性地做，或者交辦他人或助理。

不重要不緊急的，編列 D1、D2、……直接交辦他人代為處理。

透過這個簡單的時間管理法則，華為人即使有數十個工作，也能輕鬆的知道該如何從哪裡開始進行。

除了處理大量分散的碎片化時間外，由於華為公司大多是知識型員工，工程師職務比例超過 4 成，因此也同時需要大量的專注時間，對此，華為也鼓勵員工運用一套「韻律法則」。

員工可以觀察自己的生理時鐘，找出自己的習慣規律，來進行自己的時間規劃，在精力充沛的時間去處理重要的工作，在較為疲憊的時間進行較為瑣碎的事情，甚至在專注時可以掛出「禁止打擾」的告示，只要在事前和組員溝通，事後對於組長和專案經理清楚報告自己的工作內容，都可以暫時杜絕任何打擾，對於專心研究是很有幫助的。

華為執行力的貫徹在業界相當有名，其中特別具有巧思

的就是透過以上這幾個方式，確保了華為執行力的輸出，能夠在細節上不打折扣，也能不浪費時間資源，把所有人時間和力量集在一處，就能達到「力出一孔，利出一孔」的效果來。

第 14 章

研發管理：
把經營、研發與管理人性三平衡

作為公司最高等級的老闆，乃至於擔任下屬的研發人員都清楚，一件產品的研發到開始穩定運行，中間需投入許多實驗：打樣、測試、改版、測試、再改版、再測試……待各方面都穩定之後，才能推出市場；其中除了花費不少人力物力和巨大時間，往往在這過程中還會面臨許多風險。例如：競爭對手更早推出同質性的產品、市場需求發生異動、市場環境產生變化等等。

當然，產品成功推出的可能性是存在的，但真正難以掌握的，是每一次下個新產品或再下一個新產品的開發，是否每一個都能順利地被市場和客戶接受，種種的不確定性，讓許多企業的作法總存在一個矛盾：研發固然很重要，但投入後卻不一定能成功。

華為自 1995 年推出首款產品 BH 01 以來，每年不斷投入營利的 10% 在研發上，並一路持續以等比的速度在超越對手，成為目前技術專利、研發速度領先世界的大企業。到底華為是如何從只有不到 3 人的技術團隊，走到現在這樣宏大的成就呢？這一段我們就華為的研發進行相關探討，進一步認識華為這家公司高效率的研發及管理。

華為研發體系的「金三角」

一般而言，大多數企業的研發單位幾乎都要配合公司

趕進度，要求工程師壓縮排程，而得犧牲休息沒日沒夜的加班。另外，居中整合的專案經理更是要花費許多心力去了解全貌，並協調各部門的工作執行狀況，無論是試產、除錯、測試、優化等等，也可能因原物料、人力或資源取得不符預期，而錯失產品推出的最佳時機，導致大家最後白忙一場。再者，業務端與研發單位之間不乏意見上的爭論，而其中的關鍵因素在於研發體系的不完備，因此缺乏良好的流程與研發管理。

　　為了讓研發體系優化的更成熟，華為自 1996 年後，將研發分為三大部門，包括：戰略規劃部、中研部、中試部。

■ 戰略規劃部

　　透過考察、詢問客戶、請教專家、參加研討會等掌握市場風向，進行公司整體的產品目標規劃。其核心的目標是「抓住市場機會」，明確告知中研部要「做什麼」產品。

　　此外，華為為了更能掌握市場動向，於 1998 年發展了「預研體系」，這體系是由戰略規劃部所發想建構出來的。預研即是預知下一步要做什麼（因為知道了下一步才能賺錢），接著再開展進行研發。預研體系分為兩大類，第一大類是產品預研，第二大類是技術預研。產品預研即是當市場方向不明確時，若預研產品和公司戰略相同時，可以進行研發。技術預研即是當市場方向不明確時，若特定預研技術具有增強公司產品競爭力的能力，可以進行研發。

　　此「預研體系」的成立催生了華為之後與國際組織接軌

的研發平臺，如 2012 實驗室（華為的總研究組織，針對未來通信、影音分析、機器學習、數據探勘等）；諾亞方舟實驗室（以人工智慧為研究出發，例如自然語言、數據採礦、社群媒體自我學習等）；國際標準組織（參與國際標準規則的討論）。其中，2012 實驗室在美國、歐洲等 8 個國家設立海外研究所，使其研發能走向國際，並且與國際標準接軌。

■ 中研部

其任務為「確保做出產品」。由戰略規劃部決定要做何種產品之後，中研部一旦認定其具有發展潛力，即進行產品研發的資源分配整合與安排，確保產品研發及生產順暢，並能按時交付給市場。

■ 中試部

其任務為「確保品質與成熟度」，不斷優化及穩定產品。由中研部執行研發後，針對其產品做功能測試、穩定性測試、外觀品質測試、組裝測試、物料品質測試，以及技術檔中心與 BOM 中心、試制部、工藝實驗中心、數據管理中心等相關技術資料的製作及更新控管。

該部門是維護產品品質口碑很重要的一環，也是控制統計、記錄產品開發過程的單位。華為在 1998 年做過一項統計，因研發時數據的錯估而產生失敗品的廢料，其價值高達 20 億臺幣！為了減少不必要的耗損，華為在中試部成立產品

數據管理中心，用來記錄產品開發時的過程和結果，並產品資料管理（Product Data Management，簡稱 PDM）系統掌握 BOM 表版本，精準控制料表（BOM 表），使準確率達到 99.5％以上。

張繼立總裁進一步說明，華為 1998 年引入 IPD 研發變革最大的價值，就是把過去從「自我為中心／技術驅動」的研發模式，變成了「以客戶為中心／市場驅動」的產品管理模式，以「客戶需求和市場投資決策」作為指導研發的依據，圖 14-1 是 IPD 的框架圖。

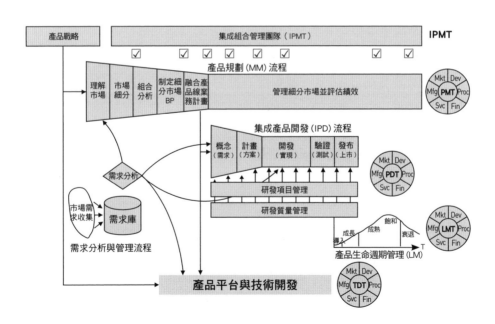

圖 14-1　IPD 框架圖

華為的連續型創新

許多人聽到創新，便會聯想到就是創造出一個前所未有新東西，但這不一定符合市場需求。再者新東西做出來了，還需要教育市場，前期推出的成本花得兇，若順利打入市場也取得一些新市場了，反而是有利於後進者以更少的成本進入。由於市場需求變化實在太快，如何才能又快又好的做出產品是關鍵。

因此，有時候創新與浪費只有一線之隔，投入太多創新反而是矯枉過正。任正非曾經對內表示：「**在研發一個產品時應盡量減少自己的發明創造，應著眼於繼承以往產品的技術成果，以及對外部進行合作購買，假使利用率低於 70％，新開發量高於 30％，就會提高開發成本，並增加產品的不穩定性。**」

那麼華為是如何進行產品創新？

■ 模組化以繼承

利用模組化的優勢，在原有的大樓上，再蓋新的樓層上去，亦即新開發的產品建築於舊產品之上。華為發展初期大量成長的關鍵點，是在已熱賣的 C&C 08 交換機上，加上光介面，之後又再加入智慧平臺，使 C&C 08 交換機再具有呼叫及電話號碼查號等功能。好處是，讓原模組不斷的優化早已成熟的規格，能夠降低後續研發及品質問題的風險。

■ 大問題變小問題

　　若遇到一個比自己先進的產品，但本身的技術底子不足，也無人協助無人合作，無人可請教時，可先依照理論拆解各個技術點，在技術上進行驗證，一個模塊一個模塊實驗，再把模塊組成一臺設備。此方法是華為早期能突破數據機技術的成功經驗。

■ 溝通和共用主義

　　中研部的研發資源是廣泛共用的，共用的資源包含：產品的技術成果、開發經驗、突破難關經驗、管理經驗、失敗的經驗和再檢討的經驗等，以及華為內部各類專家（市場專家、技術專家、測試專家等）的共用。分享的目的是要帶給華為人一個重要的觀念：「**別悶著頭拚命做，因為獨創性做出來的東西未受過市場的考驗，也可能是曇花一現的獨立產品，無法和現在產品串接。**」

　　所以為了使共用主義落實，中研部也搭建了以下平臺和制度：

1. 華為中研部創立員工輪訓制，讓該部門的新員工除了進行公司培訓、部門培訓外，還到其他業務部門進行相關的知識學習，以便將其部門經驗帶來建構在該部門的產品上。

2. 1997 年中研部成立專業技術協會，要求所有專案負責人和關鍵技術人參與，進行技術交流、聯繫友好關係和溝通，一同共用公司的技術資源，將溝通和分享明訂為工程師與

專案負責人日常工作的一部分與職責，形成一個正向交流循環，以提高效率與產出。

■ 站在巨人肩膀

透過收購、合資、購買授權、合作實驗室、合作技術、聯合開發等方式，站在巨人肩膀上，習得國際優秀企業的技術並內化結合既有產品。

2001 年，任正非因研發戰略的考量，要求華為中研部將對外合作研發的比例，由原 2000 年占研發總經費的 3% 提高到每年 20%。另外，再擴展每個業務部都有配合的合作發展部。

另外，華為與以下國際大公司合作，以從中學習交換寶貴的技術資源：

1. 由於 2000 年全球發生了網路科技泡沫，華為趁機透過收購某間美國公司，取得骨幹長距離光傳送系統，技轉後推出新的關鍵技術產品，實現大容量且長距離（4600 公里）的無電中繼的光傳輸。

2. 2001 年美國半導體廠商 ST 宣佈與華為公司聯合開發電絡中用戶線路介面卡主晶片，讓華為得以最大幅度降低連接電話線路和交換電路介面的主電路內部功耗，一片電路板上可以設置更多的電話線路，降低單位電話線路的安裝成本。

3. 2003 年與德國英飛淩公司合作開發低成本的 WCDMA 手

機平臺，取得手機與系統互通性及點對點解決方案上的經
驗和技術，完成 WCDMA 手機平臺的集成以及應用軟體
的開發，以及協議軟體的優化和 WCDMA RTT 演算法。

4. 由華為集團的海思半導體與德國 Rohde & Schwarz 進行
LTE 終端射頻性能的測量，並展開技術合作，縮短產品的
開發週期，成功推出 Balong710 多模 4G LTE 手機的終端
晶片。

5. 2005 年與德國西門子公司成立合資公司──鼎橋通信
技術有限公司，合資公司致力於 TD ─ SCDMA 無線
接入網路設備的研發、銷售和服務，使得處於落後的
TD ─ SCDMA 技術達到世界領先水準，並規避專利風險。

6. 2011 年收購英國 CIP 光子研發中心，加強其在光通信技
術的研發能力。

7. 2016 年與德國相機大廠徠卡公司戰略合作，設立 Max
Berek 創新實驗室進行聯合研發。合作的雙鏡頭模組手機
P9 在 2016 年引領新攝影潮流，在國際上得到很高評價。

8. 由 Max Berek 創新實驗室聯合開發新光學系統、計算成
像、VR、AR 等領域。也計劃與德國徠卡公司、多家國際
人學以及研究機構合作，將在全球手機領域、新的智慧技
術、影像技術上驅動最具關鍵的影響力。華為也將利用合
作的資源，引領能改變智慧手機產業格局的科技和創新潮
流。

　　華為在核心領域晶片技術的快速發展得益於美國、日

本、歐洲、及國內業界同行建立的戰略夥伴關係，使華為擁有成熟穩定的 IC 設計、晶圓加工、IP 封裝及測試合作管道。

■ 廣發英雄

1. 搭建工業界和學術界的對話平臺與專家交流，並在海外召開數屆的 CTW（Cooling Technology Workshop），建立國際化專家資源庫，快速了解業界技術趨勢和動態，遇到難題時也能直接找最權威的學者作指導交流。

2. 2013 年再發出關鍵技術挑戰英雄帖，挑戰無線產品需求，針對提升分散式基站 RRU 的散熱能力。分散式基站是業界首創無風扇散熱，能在各種環境下運行，而此次交流中也獲得了更多的應用。藉由上海交通大學老師利用樹葉散熱的特性，研究仿生散熱器（leaf cooling），將原產品體積不變下散熱效率提高 15％，之後還將此技術原理應用到微波、小站、接入室外等產品上。

3. 2010 年成立華為國際諮詢委員會，目前已有英國、美國、法國、澳大利亞、中國、日本、印度等國產業專家、商業領袖及學者成為該委員會成員，提供其對全球產業環境及經濟形勢發展趨勢的分析，並基於這些觀察向華為提供策略性建議。華為不吝於邀請相關產業界內最具智慧的專家，請益他們豐富的經驗和專業知識，協助華為制定未來的發展戰略。

■ 中研部先進的研發管理

市場

	交換機業務部	智能業務部	無線業務部	新業務部
總體辦	交換總體組總工	智能總體組總工	無線總體組總工	新業務總體組總工
幹部部	交換幹部部經理	智能幹部部經理	無線幹部部經理	新業務幹部部經理
計畫處	交換計畫處經理	智能計畫處經理	無線計畫處經理	新業務計畫處經理
硬件部	交換硬件組硬件經理	智能硬件組硬件經理	無線硬件組硬件經理	新業務硬件組硬件經理

技術

業務線：管產品、管進度、管市場、管業務

流程線：管人、管物、管規劃、管流程

圖 14-2　中研部層面上的「大矩陣」式管理

　　華為的矩陣式管理，在內部運作上，是採用橫向和縱向兩條線來進行管理，如圖 14-2。

　　直線是面向市場機會點、產品研發，按業務部劃分來命名，如交換機業務部、智能業務部等。橫線是面向技術累積，以部門別、處別或辦公室等單位來命名。直線的各業務部是針對市場的成功和生產的成功負責，橫線為研發支援部門，主要是為提高研發整體效率、降低成本研發、減少研發失誤、提高整體研發人員素質負責。

　　直線的業務部對外向市場取得客戶的需求和反饋，再對

內取得橫向部門的幫助。橫向部門匯集了各業務部門的「相似技術點或管理點」，再提供專業的團隊和公共的技術模塊，去協助各業務部解決具體困難點。由於技術和專案的傳遞路線較短，所以訊息回應快，有利於提高工作效率，降低技術實現成本，強化組織應變能力。如此方式可使新手員工勇於研發並快速進入狀況。

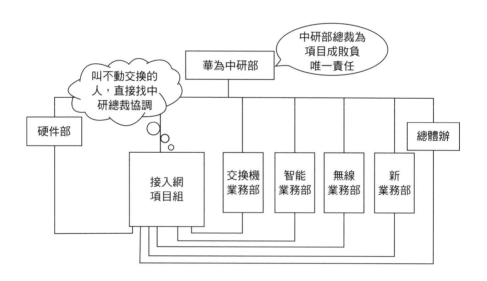

圖 14-3　中研辦協調管理接入網跨部門項目組與其他職能部門的關係

公司內部在推行矩陣管理會遇到的一些問題，如矩陣的直線和橫線的權力線，有可能發生多頭領導的情事，形成對員工的雙重指揮。又如，對專案經理而言，既承擔著專案重

任，但卻沒有相應資源如人員、設備等，使得權責不對等，
反而給專案部門運作和考核帶來不確定性，因此華為採取了
幾項措施來應對（圖 14-3）：

1. 建立有效的高層管理組織

　　由功能部門領導之上的高層擔任專案的唯一負責人，加
強了專案組織的協調能力，功能部門的負責人以領導專案小
組為副職，加強了專案小組的權威性。

2. 把專案計劃和日常經營計劃納入統一的綜合計劃

　　利用綜合計劃的權威，維護指揮的統一性。

3. 完善的考核體系

　　有了上述統一的計劃，就可將專案的完成進度和成果納
入統一的考核體系。例如：在同一功能部門的同級人員，若
有一人參與重大專案組執行任務，且在該組表現優異，其獎
金與晉升速度就會高過其他未參與的同級人員，因此形成一
股激勵員工積極爭取重大專案的氛圍。

4. 企業文化作為潤滑劑

　　在管理中培育團結合作精神，並在專案主管和部門主
管的工作態度考核中呈現。考核中排除表現最優秀和最落後
的主管後，針對中間表現的主管學習態度和自省能力進行觀

察，並由領導層集體評議，確保評核公平。

透過上述的管理方式，中研部既可整合各功能部門的不同專業人才，又可使跨部門專案運作決策快速，聯結之間的溝通斷層，效率因而提高，並加強了橫向職能聯繫。

以上是華為在研發上特殊的管理要點，華為充分掌握了管理與研發的人性平衡，並在其中對於經營的細節層面作出有力的監督指導，所以厚積薄發的在研發道路上，逐漸成為業界的領頭羊。

第 15 章

品質管理：
品質是華為的生命

品質是華為唯一的追求

過去 Made in China 中國製造，總給外界帶來正負不一的評價。

改革開放早期的中國商人賺錢門檻低，憑藉著廉價的人力物力成本，加上快速又多樣的機會，在當時，是很容易在買賣中間賺取龐大的利潤。敢冒風險、將本求利的他們，基本上是不做虧本生意，可以忽略細水長流，不賺長期收入，求的是爆發性成長和大的利潤。

這樣的商業模式所造成的隱憂，不外乎是企業不熟悉與疏於管理，所以常會遇到員工狀況外、做事草率或者無從判別原材料的問題，而製作出許多品質有瑕疵的商品，投入市場後，產生嚴重虧損和信譽損失。為了避免商譽受損，當時的中國商人，很多人額外也延伸出了 7、8 個品牌，以供隨時交替遞補，所以當時很多的消費者寧可多花錢去購買國外進口的產品，來確保使用的品質無虞，也不想使用中國製造。

但如今隨著中國的消費意識抬頭，低價劣質品牌的消費力已然逐漸萎縮，想當然爾，中國製造也只能愈來愈朝向高品質去靠攏。所以，要是早期能夠堅守優良的品質路線，加上管理得當的品牌，現在都是位居中國數一數二的大品牌，華為便是其中一個。

1997 年，任正非就嚴正的向華為內部提出：「**我們要**

不惜一切代價，維護品牌的效應。品牌是什麼？說穿了，品牌就是承諾。在這個問題上，絕不能鬆懈。」他同時鼓勵同仁，「公司對利潤看得不重，我們以長遠的眼光來經營公司，以誠實面對客戶，誠實的經營與發展公司，倚靠誠實換取客戶對我們的滿意、信任和忠誠。正因為我們把利潤看得不重，所以我們不去包裝、炒作和投機，而把全部精力用在腳踏實地與實事求是的經營上，當然誠實又沒有包裝，客戶有時會看低公司，但終究會認識到華為的。」

這在當時的社會中，猶如向員工宣示，龜兔賽跑，華為只選擇當烏龜，這份膽量和氣魄，在力求「活下去」的華為裡，充滿著考驗和挑戰。

現在很多中國的大型知名企業，包括阿里巴巴，在過去都有著這樣清楚的企業紀錄，創辦人能夠勇於在時代中本著良心，逆向高利潤操作，都讓人非常感佩。因為改革開放剛開始氛圍真的處處充滿著誘惑，要能實打實、堅守大道主義的企業，必然要經過無數的考驗，但是他們的領導人，都能在驚濤破浪中穩定船員的信心，為他們的企業和員工點亮心燈與指引。

華為深知，好的產品來自好的管理，所以非常重視管理上的提升，這是為了強化華為的企業體質，強化產品與服務的競爭力。在任正非眼中，華為的治理當要如「都江堰」。所以比起世人喜歡看到黑科技的新技術，華為更重於內功「過硬的品質」，將品質視為他們的生命。為此，自 1993

年開始嚴抓品質，到 2013 年之後，華為正式揮別了低價競爭，不走以往我們認知的低價格、低成本、低品質的中國企業傳統競爭路線。

「我們的目標是以優異的產品，可靠的質量，優越的終身效能費用比和有效的服務，滿足顧客日益增長的需要，質量是我們的自尊心。」任正非說。

任正非過去就是科學研究出身，對於當時改革開放，浮躁野蠻生長的中國製造初期，他於華為內部已經對品質作定義。**「什麼是好產品？好產品猶如好歌，有千古傳唱的歌，才是好歌。都江堰的設計、結構和思想，現在都沒有人提出來說要改編它，這才是真正的科研成果，真正的好產品。」**

更進一步的談到，**「西方管理哲學的內涵，有很多非常好的地方，是值得我們學習的。比如西門子，它的機器雖比我們落後，但比我們穩定，所以很好賣。我們一定要努力的去認識這一點──什麼叫做偉大的科研成果？一定要認識！就好比唱歌，我想不管是什麼歌曲，不管作者是多麼偉大的作曲家或歌唱家，只有那些流傳下來，被人們廣為傳唱的歌才是好歌，至於那些得獎，卻未能流傳下來的，根本不是什麼好歌。我講的道理很清楚，產品最終只有長久的被人們所承認，才是真正的商品，否則就不是。」**他的一席話，為華為揭開了產品品質的大道。

在談品質的道路上，不可迴避的問題，在產品的製造過程中難免會發生品質、生產與業務之間的爭論，尤其對於

出貨在即，能否形成在品質上冒險的共識。而華為能在市場中，為中國製造披荊斬棘的在國際上打開一條品牌路，他們又是怎麼看這件事的呢？

任正非表示：「**我認為，快速響應客戶需求和保證質量並不矛盾，首先必須保證質量，因為沒有質量肯定是不能占領市場的。我們一直講要貼近客戶，但是客戶說別人的東西不壞，不願意讓我們貼近，這說明什麼？說明只有東西不壞，才能取得市場。**」

張繼立總裁進一步說明：「**華為從 1995 年起引入日本的 QCC（品質管理圈）文化，在內部推動品質改進，小改進大獎勵；後來引入 PDCA 戴明環、JIT 精益管理、ISO9000、TQM 全面品質管制、克勞斯比的零缺陷管理等。華為奉行『品質就是滿足客戶需求』。不是為了品質而品質，不為了品質而高成本，落實華為的所有幹部都必須通過品質管制的內部考試，如果不達標，當年度將凍結漲薪和晉升，把品質意識作為重要晉升參考。**」

2010 年前後，隨著智慧型手機日漸的普及，很多公司大都會配備一支公司機給幹部和業務，當時有很多公司都選擇了華為這個品牌，所以經常會注意到大家都在用華為手機來作工作電話，這是筆者第一次認識到華為，也是華為剛剛投入到手機市場。

說實在，當時的華為並不特別好用，但是很耐操，直到有次因某商人意外被槍射擊，華為的手機居然正好擋住了

子彈，那時市面上一般的消費者才認識到這個品牌。在華為2012 年確立行動通信發展後，隨著後來的 P20 的橫空出世，在功能及性價比上遠遠凌駕了其他品牌。後來不少中國企業家竟把使用的蘋果手機悄悄地換上了華為，華為的廣告在全世界各個機場占據了最吸睛的位置，大家才全面的認識了這個品牌。現如今，不過短短 6 年的時間，華為這個品牌在各國通信領域中已攀上高峰。

好品質需要建立大流量的大質量體系

華為為了品質，持續建立的大質量體系，以開闊的心胸包容歐美，與友商共同建立了品質的大生態鏈，為的是把華為的質量與全球大廠並駕齊驅。

「我們要建立大質量體系架構，在中國、德國、日本建立大質量體系的能力中心。日本的材料科學非常發達；德國人很嚴謹，工藝和管理都非常優秀；中國人善於胡思亂想，架構思維問題。我們把三者結合起來，就能支持華為全域性的質量。而且我們用工具、手段來代替人，購買世界上最好的工具，做出別人不可替代的產品，做到無敵，最後就能世界領先。」任正非說。

華為非但把品質跳脫了品管的層次，更把文化和哲學的底蘊變成品質的一部分，目標建立一個科學化先進的公司，

為華為百年打下基礎。

「大質量體系需要介入到公司的思想體系、哲學建設、管理理論建設等方面，形成華為的質量文化。你們講很多的『術』、我想給你們講講『道』。你們看，法國波爾多產區只有高級品質的紅酒，從種子、土壤、種植各方面形成了一整套完整的文化，這就是產品文化。沒有這種文化，就不可能有好產品。瑞士的鐘錶為什麼能做到世界第一？法國大革命時要殺掉那些有錢人和能幹的人，這些人都跑去瑞士，所以瑞士的鐘錶主要是在法語區，其中很多精密的零件是德國區的，這就是形成了一個文化聚落。

再講一個例子。德國斯圖加特工程學院院長帶我去參觀一個德國工學院，大學一年級入學的學生，都在車間裡對著圖紙做零件，然後把這些零件放到汽車上跑，跑完之後再來評鑑這多少分。經過這一輪，再開始學習幾何、理論力學、結構力學等等學科，所以，德國的汽車工藝永遠天下無敵。

每個人都願意兢兢業業地做一些小事，這就是德國和日本的質量文化，沒有這種文化就不可能有德國和日本的精密製造。我們為何不能有這種文化？我們要借鑑德國和日本的先進文化，最終形成華為的質量文化，如果公司從上到下沒有這種大質量體系，你們所提出的嚴格要求是不可靠的城牆，最終都會被推倒。」這就是任正非對品質文化的講話。

而這也是為什麼華為始終願意採購歐美昂貴產品的原因，華為求的不是利潤最大化，而是小利潤長久的發展，不

願意脫離整個生態圈獨活。所以，任正非對於供應商品質管理，也說出了具體看法。

「公司面向確定了未來『讓華為成為 ICT 行業高質量的代名詞』的質量目標和『以質量取勝』質量方針，因此持續高質量和可持續發展能力表現優秀的供應商，將會獲得更多與華為合作的商業機會，同時華為會付出合理溢價來持續購買高質量的器件和服務。用高質量的器件來製造我們的產品，用高質量的服務來交付我們的產品及改進我們的管理。通過整個產業鏈提高質量的共同努力，使華為能夠更好的向客戶提供高質量的產品和服務。」

從這裡可以看見，華為為了自身品質，不斷以優秀的國家作為榜樣，也輔助所有供應商相對來建構更高的品質，用相容並蓄的胸襟態度，來包容學習最先進的科技與管理，所以，至今能夠成為快速飛躍的中國代表企業，可說是實至名歸。

第16章

財務管理：
服務、監管業務擴張及
價值創造的三個價值整合

華為的擴張與控制，從財務面分析

從第三章「狼性文化」的內容，我們可以知道「狼性文化」其實是源自於華為市場部的「狼狽組織計劃」。這是推動華為內部合作的成功基石，所以，若只有進攻的狼，沒有狽的向前支持的合作關係，是無法構成華為的持續穩定成長與強大。

為此，為了更強化這個狽組織，華為從 2007 年起，特別巨資聘請了 IBM 顧問指導，花了 7 年的時間努力成功實施 IFS（集成的財經服務）變革，來提供狼群更有力的支援。

一個企業能創造的價值，首先從經營企業的目的開始。華為的經營目的是使自己具有競爭力，能贏得客戶的信任，在市場能存活下去。這三個要點，在業務層面來看，我們可以簡單理解，為追求長期有效的永續成長，財務對此解釋為不斷追求企業的價值。然而，怎麼來衡量一個企業的價值呢？對於上市公司而言，以資本市場的估值來算，而未上市公司則是以「現實獲利能力和未來潛在獲利機會現金化」。

簡單的說，一家企業經營的好壞，若使用華為的定義來論，首先得要有利潤的收入，有現金流的收入，不重資產化；其次是不斷增強公司的核心競爭力，再來是建構健康友好的商業環境。

有營收、有核心競爭力，這是企業普遍經營法則，才能追求利益最大化、價值最大化。而華為有別於一般企業的

是，不謀求賺取高毛利，而是保持長期飢餓的狀態，這樣才
不會僵化腐敗和官僚，企業才走得長久。因為以長遠的眼光
來看，採用合理的利潤率，公司才能永續經營並增值。

　　當今在市場，企業在紅海中為了求生存、求成長，產業
鏈間的相互併購或削價競爭皆是常見的商業策略，當市場走
向低價格、低成本、低質量時，在這樣的商業環境下，這個
產業的相關行業都很難生存下去。從華為發跡的歷史來看，
早期的華為也是採以「土狼包圍獅子」的策略，但後期當占
有市場地位和價值後，轉為加強合作，關注客戶與合作商的
利益，追求贏的機率，而不是追求稱王。因為從企業長期生
存的條件來看，唯有建構穩定健全及友善互動的商業環境，
才能在利益鏈條上找到長期生存的戰略位置。

　　另外，面對外部商業環境的激烈競爭，企業同時也需要
內部的權衡利益分配，長久以來，如何取得資方與勞方之間
的利益平衡無非是一門課題，而人與人之間的所有合作實際
上也都是在這協調上打轉。華為又是怎麼做的呢？

　　華為建立起員工個人收入與公司整體效益聯繫浮動的價
值分配制度。在效益好時擴張，共同負責；在受到挫折時，
要共同忍受。通過這種張弛，將市場壓力傳遞到流程的每個
環節與每一個員工，運用這樣的機制，鼓勵後方部門與單位
向前端服務，向前端監督，有效推動與支持公司的價值創造
與擴張。

　　當然，企業在大肆擴張的同時，外部及內部的風險也接

踵而來，華為的狼群具有強大的市場拓展能力，但是如何有效控制才能正確的擴張？華為的財務管理設立了「四個三」的多維度風險控制機制，以幫助公司維穩正常發展。

1. 三類風險，把公司的經營分成戰略風險、運營風險、財務風險。戰略風險，例如未知的顛覆技術挑戰公司現有的技術。運營風險，例如供應風險，像是前段時間華為的晶片供應問題。財務風險再分為外匯風險與稅務風險，時常透過對於風險的模擬，能夠預期與應對風險的能力。

2. 三角聯動，於倫敦、紐約與東京設立三個後端團隊獨立作業去挑戰前端。其中，倫敦風控中心對財務策略與財務架構進行獨立評估。再者，東京面向所有的合同（合約），每單合同、每個專案，檢核是否有不合理之處，是否有環環相扣。最後，紐約主要是分析宏觀經濟並預測趨勢。

3. 沿著業務的每個活動皆建立了三道防線。第一道是行政長官，行政長官是首先責任人，承擔對流程的責任。第二道防線是行政長官底下的兩支隊伍：內控隊伍和稽查隊伍，內控隊伍負責幫助行政長官進行檢查，稽查則是在流程作業中，識別每個流程最主要的風險和問題。第三道防線是審計組織，審計組織向公司獨立匯報，審計通過不定期的對各個「點」的核查，形成對「面」的威懾。

4. 三層審結機制：第一層：日清日結。資金每日完成銀行對帳，確保每筆資金流動源於帳務處理。第二層：帳務在核算中，確保流程合規、行權規範，每筆帳務處理源於業務

真實。第三層：通過獨立的 CFO 體系，對業務決策形成一定平衡與制衡。

綜上所述，我們可以看到華為財務管理團隊如何將華為價值做虛實整合與落實，面對錯綜複雜的商業環境，可以看到華為的財務方針是，用規則的確定性應對結果的不確定性，用法律遵從的確定性應對國際政治的不確定性，以跨越宏觀環境的不連續性風險。

因此，不難理解為何美中貿易戰、科技戰，華為首當其衝，多次面臨美國各種政治、財務與調查危機仍能找不出具體證據，相信華為公司的財經管理體系亦發揮了很大的作用與支持。

財務管理如何服務與監管業務擴張並不斷價值創造

華為的管理體系與文化，是華為最寶貴的資產，因為通過有效的管理構建一個企業平臺，才能使 19 萬人在此對於技術、人才和資金發揮出最大的潛能。華為在服務業務同仁不斷創造價值的過程中，財經管理一直處於價值整合者的角色，肩負著把資金、技術、人才創造的價值充分流通並轉化成公司的收入、利潤和現金流，把全體幹部的努力成果轉化為糧餉、子彈、輜重與資金的任務。

　　張繼立總裁進一步說道：「**在華為，財務定位是業務部門，不是資源部門，要對公司的業務發展提供支持，這是財務部門的主業；再其次是公司安全合規的保障者，要能利用自己的專業，規避公司的風險（含財務、稅務、商務、外匯等）；至於代表公司所行使的審計和糾察職責，則是獨立的部門，直接向公司高層彙報。財務的幹部也是業務核心幹部，要有業務的敏感性和經驗，他們會先下放到各個專案、各個產品線、各個區域先做 CFO，對業務有貢獻了才能升職提拔，不能以為『say no』就可以當個安全官，不想辦法沒有貢獻就是個無用的人。**」

　　這裡就業務流程及監控管理兩方面來協助大家了解，華為的財務管理如何「**以業務為主導，以會計為監督**」，實現由服務業務部門創造價值，並將監控融於流程之中。

　　主業務流程，是 IFS（集成的財經服務）針對此變革第一階段的目標：「準確確認收入，加速現金流入，項目損益可見，經營風險可控。」透過以下三點主業務流程內容，可以得知華為如何精準加速收入，控制風險：

1. OTC（機會點到回款）流程，意即「投標、合同簽訂、交付、開票、回款」是華為與客戶做生意的主業務流程，乘載著公司主要的物流和資金流。對於 OTC 主流程來說，首先，要從源頭上提高合同質量，控制合同風險。具體來說，即業務部門負責人要向財務部門及時提供收入確認的關鍵訊息，財務部門根據合同中所簽訂的具體條款來確定

「收入實現的方法和時點」來覆核。其次，建立開票連鎖責任制，從後端向前端梳理和理順主業務流的活動與工作要求。最後，建立合同履行的一站式支撐組織（CSO），打通銷售管理，對合同履行全流程的進行支援與管理。

2. IPD 流程是面向市場創新的主流程。也是實現從技術導向的研發轉變為基於市場創新的流程，財務管理在這個主流程中的管理宗旨，是**把產品開發當作一項「投資」來進行管理**，抓住從商機到變現這個本質，積極參與到 IPD 的跨部門決策團隊和流程決策評審、產業的商業計劃及產品的投資組合管理中，並運用財務評估的方法，使開發過程可視化，進而支持產品開發的商業成功。

3. PTP（採購到付款）流程，是比照 IBM 的採購流程，建立完善的採購職責分離矩陣及評估機制；按照「發票接收與處理、發票匹配、重複付款檢查、支付」等設置支付安全關鍵控制點；逐步從財務角度優化從採購到付款的流程，以專案驅動採購，使採購成本核算到專案，落實專案的經營責任，也實現採購流程與財務管理流程的整合。

財務人員也發揮充分的戰鬥價值

在業務流程上，財務人員往前端參與，更能有效的控管與監督，讓每個專案的財務審批更即時，這也表示華為將權

力下放是為了自主、靈活、有效地開展業務。然而，權力下放後還要有效監管，監管的目的是為了更大程度地授權，監管是對幹部最大的關懷和愛護。接下來關於監控管理，以華為的監控體系的內容：內控和內審兩部分來作探討：

首先是內控，內控是從業務、流程與財報三方面來作控管。

1. 業務控制從內外的三層風險防線：在內第一層防線，是最重要的防線，在業務運作中控制風險，業務主管／流程Owner，是內控的第一責任人；在外第二層防線，內控及風險監管的相關部門，對跨流程跨領域進行高風險評估管理；在外第三層防線，內部審計部，通過獨立評估和事後調查建立威懾。

2. 流程內控主要是針對工作流程、運作程式和管理的優化工作，並不對業務做過多的干預。

3. 財報內控是為了保證財務報告的數據可靠、合規和穩健。所有影響集團／子公司的財報（資產負債表、損益表、現金流量表）、資金資產安全、納稅遵從的各類流程活動，都屬於財報內控的管理範疇。財報質量管理要達到外部的嚴格監管標準，要保證財報質量，必須從業務數據的質量做起。

其次是內部審計，作為司法部隊，發揮獨立監督作用，達到威懾的效果。內審堅持採查處分離的原則，嚴格調查，寬大處理。所以，審計關注的是「點」的問題，通過對個

案的處理建立威懾力量。再者，內控無處不在，進而關注
「線」的問題，與業務一同端到端的處理，揭露並改進端到
端的風險。而道德委員則會關注「面」的問題，持續舖墊良
好的道德遵從環境。

　　從業務流程到內控內審，華為在業務、人才、技術上，
都融入了財務管理的思維，讓華為人懂得在創造價值的過程
中轉換為利潤收入、現金流收入與風險把控，讓價值管理與
創造的精神，落實在財務流程體系的健全，而不是讓部門變
成對立，才能支持華為公司不斷的正面循環往前進步。

財務的進步是一切進步的支撐

　　華為公司財務管理部門的定位是一個全球性的服務、管
理與監督體系。為了達到這個目標，使狼群工作成效發揮到
極致，而培養一支作風剛硬，勇於堅持原則，忠於公司，敢
抓敢管的全球化專業隊伍，並要求財務幹部理解，只有懂業
務、理解業務，才能更好地服務業務與管理業務，並持續推
進財務體系的進步，絕對不可造成價值對立。

　　而在管理進步中，財務的進步是一切進步的支撐，沒有
優良的財務管理，沒有可靠的監控，公司的授權就無法順利
完成，還可能存在很多風險，前方也就不能直接呼喚砲火，
進而導致日益官僚、臃腫，這樣的公司不可能長期生存。在

管理上，華為也強調，要永遠朝著以客戶為中心，聚焦價值創造，不斷簡化管理，縮小期間費用的方向努力。

當然，企業的價值不能只偏重業務、研發與銷售，也必須仰賴與平衡後方財務監控的支持，才不至於盲目擴張而遇到額外的風險問題，華為在邁向未知的國際市場時，狼群背後有著穩健的財務與法律管理體系，讓每個華為員工，個個都無後顧之憂的成為奮進者，積極創造華為明日的未來，並且時時刻刻充份保持著危機意識與備戰精神，非常值得大家借鏡！

Postscript

後記

　　華為是不是成功了？「**華為沒有成功，華為只是成長**。」誠如任正非講話中的涵意，這是一個始終沒有休止符的境地。也許就是秉持著這樣的心態，才真的是實踐了「天行健，君子以自強不息」，成大事者莫有得意歡欣之時。但是它已經在為人所讚揚的典範之中留名，相信這本書看到最後，無莫不升起對華為的內心敬佩。

　　在多年來翻閱華為的管理紀實案例與訪談之中，常常看到很多任正非和華為高層對於公司內部的各種現象的批判，華為確實並非是個一百分的典範和案例，但是為什麼華為還是值得我們來借鏡呢？中國古語常說這句「家醜不外揚」，我想這是一間世界上少數勇於在大眾面前揭醜的大型企業，他們既不蓋紀念館，也不上電視演講，或者歌頌彰顯自己的成功，就是與眾人分享，他們是怎麼面對一個個的問題，怎麼處理人性管理，又是怎麼一路活下來的，也許就是這樣，更血淋淋的把企業真實會遇到的狀況揭示與眾人，所以更值得我們引以為鑑。

　　任正非對於企業管理提供了很多哲學性的思辨和辯證，認為要怎麼「活下去」才是最重要的事，這是根本，也是居安思危的為長遠打算，而不是一心想著怎麼做強、做大，或者幻想一夜致富，變成富比士排行裡的富豪群。所以，不管是他對於人性或者歷史的觀察，都是我們在庸庸碌碌、汲汲營營的生活中未曾想過的。華為其中很多的道理及定律，不僅反映在人生和社會，也發生在我們企業管理的瓶頸上。

　　我們普遍認為老闆的腦袋就是公司的天花板，不能再高了，但任正非的華為故事告訴我們，成功多寡反而不是重

點，因為他們還會成長，這應當作為給我們的反思，讓我們打破自己腦袋裡一塊塊的天花板才對。也就是有這些思路和辯證，啟迪了全球不知道多少企業，為他們在國際化的道路上提供豐富的參考資料。

此次成書，深深有感遺憾，由於華為的知識寶庫既多且深，只能精選其一些要點概略地為讀者介紹，還有好多豐盛的內容未能呈現出來，放眼華為的相關報導與書籍皆是精典，絕對是值得讓人一翻再翻，思索萬分的。所以衷心地希望讀者們在接觸本書之後，能夠持續地追蹤華為的故事，對於企業管理的層面一定有莫大助益。

本書出版之後，筆者也特別邀請華為的前移動解決方案總裁張繼立老師，到臺灣分享華為的工作細節及應對方針，究竟華為在實務工作上是怎麼做到落實團隊作戰的狼性文化，歡迎感興趣的朋友，可以加入筆者的微信帳號 airuike1325，或搜尋「人心解碼管理顧問股份有限公司」的官方網頁 https://www.mindreadcoach.com/，裡面有更為詳盡的介紹說明，誠摯地邀請大家親身體會一次華為內的管理世界。

最後要感謝幫忙完成這本書的相關人士，由臺灣大學陳家聲教授和張繼立老師做推薦，並有我的好友鄭伊琁、陳勁至、許雅萍、陳宏傑的鼎力相助，才能順利完稿。更重要的，也要向所有曾經為華為著書寫文的作者們致謝，多年來為我們帶來如此豐富詳實的內容，也因為有您們的付出，才有今天繁體版的問世。對此由衷的誠心表達感謝，並希望臺灣的讀者能真正的受益。祝福。

打不死的戰狼：華為的快速成長策略與狼性文化／鄧為中作. -- 初版. -- 臺北市：時報文化，
2020.03　　面；　　　公分. -- (BIG 系列；325)
ISBN 978-957-13-8102-2(平裝)
1. 華為技術有限公司 2. 企業管理
494
109001510

ISBN 978-957-13-8102-2
Printed in Taiwan.

BIG 325

打不死的戰狼：華為的快速成長策略與狼性文化

作者 鄧為中｜特約編輯 葉惟禎｜責任編輯 謝翠鈺｜行銷企劃 江季勳｜美術編輯 趙小芳｜
版式設計 SHRTING WU｜封面設計 斐類設計｜董事長 趙政岷｜出版者 時報文化出版企業股份
有限公司　108019 台北市和平西路三段 240 號 7 樓　發行專線—(02)2306-6842　讀者服務專線—0800-
231-705‧(02)2304-7103　讀者服務傳真—(02)2304-6858　郵撥—19344724 時報文化出版公司　信箱—
10899 台北華江橋郵局第九九信箱　時報悅讀網—http://www.readingtimes.com.tw　｜法律顧問　理律法律
事務所　陳長文律師、李念祖律師｜印刷　勁達印刷有限公司｜初版一刷　2020 年 3 月 13 日｜定價
新台幣 350 元｜缺頁或破損的書，請寄回更換

時報文化出版公司成立於 1975 年，並於 1999 年股票上櫃公開發行，
於 2008 年脫離中時集團非屬旺中，以「尊重智慧與創意的文化事業」為信念。